极简中国服装史

华 梅著

人民美術出版社
北京

图书在版编目（CIP）数据

极简中国服装史 / 华梅著. -- 北京：人民美术出版社, 2023.2
ISBN 978-7-102-09055-9

Ⅰ. ①极… Ⅱ. ①华… Ⅲ. ①服装－历史－中国
Ⅳ. ①TS941-092

中国版本图书馆CIP数据核字(2022)第205864号

极简中国服装史

JI JIAN ZHONGGUO FUZHUANGSHI

编辑出版 人民美術出版社
（北京市朝阳区东三环南路甲3号 邮编：100022）
http://www.renmei.com.cn
发行部：（010）67517799
网购部：（010）67517743

著　　者 华 梅
插图摹绘 王家斌
责任编辑 胡 姣
装帧设计 宁成春 鲁明静 翟英东
责任校对 魏平远
责任印制 胡雨竹
制　　版 朝花制版中心
印　　刷 北京印刷集团有限责任公司
经　　销 全国新华书店

开　本：889mm×640mm 1/16
印　张：14
字　数：128千
版　次：2023年2月 第1版
印　次：2023年2月 第1次印刷
印　数：0001—3000册
ISBN 978-7-102-09055-9
定　价：68.00元
如有印装质量问题影响阅读，请与我社联系调换。（010）67517850

目　录

序章

瞬览历史

在人类服装这一斑斓的史书中，中国服装是夺目的一篇。“衣冠王国”的辉煌曾经并将永远彪炳千秋。中华民族传统服装的灿烂、耀眼、深邃、多彩，给了中华儿女多少自豪、多少荣光？当今的青年人，一身汉服则满载着华夏子孙的自信、激情，还有希望！

当我们的祖先在地球上站立之时，应该说就有了服装，或者更确切地说是饰品。服装在文化中的概念由四部分组成：一是衣服，包括主服、首服、足服；二是配饰，指从头花到脚链；三是化妆，指从文身至美容；四是随件，包括雨伞、手杖、佩剑、背包等。只不过，最初那些挂在颈项间的串饰不一定是为了审美，而是有着更原始、更郑重的含义，那就是护佑生命、祈福避邪。无论古今，生的诱惑对人，甚至说对古人来说，更强烈一些。因为在科学尚不发达的原始社会，人们更企望能有一种超自然的力量保护一个部落，进而使一个部族繁衍兴旺。这时候，一块赤铁矿粉染过的痕迹、一缕青草、一枝长满嫩芽的枝条都寄予着人对生的希冀。那些在骨管上刻画所透露的心思和那些在砾石上钻孔的虔诚，都为我们留下了深深的古老文明的印迹。虽然说“今人不见古时月”，可是“今月曾经照古人”，我们的祖先在服装方面的加工工艺比起今日来说可能科技性落后一点，但是他们在生产力极低的情况下所能制成的骨、石等佩饰的精致程度难道不令我们深刻地自省吗？在考古中发现或传世的精妙绝伦的古代服装品面前，我们常常有一种叹为观止的感觉。古人在服装上所倾注的一腔热忱，可以说是后世不可企及的。因为那里面往往蕴藏着一种对生命的崇仰，而这一点恰恰是现代人所欠缺的。

中华文明宛如夏日夜空中闪烁的繁星，而服装是繁星中一颗格外璀璨的明星。当然，在汉唐之前，中国人的服装制作已达到相当高的水平。周代已有完整的服装制度，秦人更是将强悍之风凝聚成戎装。我们总是想起汉唐，是因为丝绸之路起始于汉，而在唐代结成累累硕果。跨越两大洲、绵亘五百年的丝绸之路，不仅使中国人饱览了异域的风采，同时又使世界人民认识了中国。

不能不承认，中华大地上蚕吞食桑叶后所吐出的丝，确实织就了数不清的奇异妙绝的“神话”。黄帝元妃嫘祖就是美丽勤劳的蚕之神。当蚕丝制成衣料时，那“应似天台山上月明前，四十五尺瀑布泉”的空灵缥缈，必然让人心旷神怡；染上天然颜料后，那“红入桃花嫩，青归柳叶新”“女郎剪下鸳鸯锦，将向中流定晚霞”的旖旎风光更是令人心醉；织或绣出花纹时，那“罗衫叶叶绣重重，金凤银鹅各一丛”的精工巧思将人间的美好情思与向往一股脑儿予以形象的倾诉；待制成各种款式的衣服后，不管是“裙拖六幅湘江水”，还是“鸳鸯绣带抛何处，孔雀罗衫付阿谁”都营造出了具有中华艺术特色的绚丽华美。中国服装从“丝”开始，就塑造了屹立世界之林的着装形象、服饰风格乃至文化。

无论是昨天、今天还是明天，中国服装史本身就是一部有形有色的中国文化史。古来的贯口衫、深衣、襦裙、铠甲、褙子、比甲的廓形完全能不假语言地叙述中国人的生活、激情与前进的步伐。青、白、朱、玄、黄五色诠释着宇宙的金、木、水、火、土，这里有着中国人对哲学的独特思考，而思考的触角伸向宇宙。环佩叮当仅是美人轻移莲步吗？不，中国古代“君子无故，玉不去身”。中国人认为，玉饰不仅是身上配饰的组合，而且它还体现着天的意志、地的包容、神的威力，还有人的无尽情思。玉饰碰撞所发出声音的韵律与节奏，更是表现出中国长期占统治地位的观念，即“礼”的物化元素。儒学、道学、外来的佛教、西晋的玄学都融入服装的风格之中，并厚重又灵巧地展现着、诉说着……

襦（rú）
短衣、短袄。

让我们打开《极简中国服装史》这一本虽小但极不简单的书，就像穿越时空隧道去感受一出波澜壮阔的历史大剧，去领略中华服装的美与无限可能吧！

第一章

大幕开启——先秦服装

原始社会：远古—公元前 21 世纪
夏：约公元前 21—前 17 世纪
商：约公元前 17—前 11 世纪
西周：约公元前 11 世纪—前 771 年
春秋：公元前 770—前 476 年
战国：公元前 475—前 221 年

当大幕徐徐开启时，背景是广袤的神州大地，我们的祖先至少从四百万年前就生产生活在这片土地上了。阳光喷薄而出，照亮了中国的元谋人。这之后，陕西蓝田人、北京周口店人、山西丁村人、广西柳江人、四川资阳人、北京山顶洞人以及内蒙古河套人等创造了早期的生产工具，史称旧石器时代。大约在一万年前，由于人类掌握了石器磨光、钻孔等工艺技术并进行了一系列工具改革，遂跨入新石器时代。种植、用火、定居、饲养、制陶、缝衣等的出现，又标志着历史进入一个新的阶段。这一阶段遗留至今的有河姆渡、仰韶、龙山、齐家、青莲岗等多处遗址。特别是辽宁西部地区红山文化遗址发现的女神庙宇、冢群、村落等大规模文化遗迹，将中华四千年文明史提前了一千年。近年来成功申报世界文化遗址的良渚文化，更是代表了中国先人的高度文明。

公元前 21 世纪，夏朝建立，国家进入奴隶社会。公元前 1027 年，商纣王被周武王推翻，史称西周。之后的东周王朝诸侯争霸，前后经历三百年，因为鲁国史书《春秋》记载了从公元前 8 世纪到前 5 世纪的历史，后人习惯称此时段为“春秋时期”。约从公元前 475 年形成了秦、齐、楚、燕、韩、赵、魏七国称雄的形势，史称“战国”，直至公元前 221 年才由秦始皇统一了中国。这期间的服装文化已经展示了非凡的光彩。

由于服装织物质料远不及陶、铜器那样久存不朽，因此相对来讲，早期的服装资料相对较少。可是少不等于简单、简陋，少有少的珍稀与经典。先秦的服装带着那远古的神秘出现在了历史的舞台上……

一、早期的服装样式

中国传说中盘古开天地，女娲在黄河边抟土造人，可是他们连同被认作华夏始祖的伏羲都没有留下确切的着装形象。倒是西王母在《山海经·西山经》中被描绘成“其状如人，豹尾虎齿而善啸，蓬发戴胜”。我们可以依此想象，那些处于狩猎经济中的原始部族人颈间挂着虎齿做成的项饰，腰部垂着豹尾，头上披散着头发并戴着饰品。屈原笔下有许多着装形象的生动描绘。《九歌》之一的《山鬼》中便有“若有人兮山之阿，披薜荔兮带女萝”“被石兰兮带杜蘅”的句子，描绘出以树叶蔓草遮体的早期服装形象。【图1-1】当然，这是集传说与想象而产生的山林女神，其服式仅可作为参考。不过有一点可以肯定的是，战国时期的诗人屈原毕竟比我们距离原始社会要近一些，况且人类确有以植物来作为服装的实例。随着狩猎经济的不断发展，人们开始用兽皮裹身。《礼记·王制》载：“东方曰‘夷’，被发文身；南方曰‘蛮’，雕题交趾；西方曰‘戎’，被发衣皮；北方曰‘狄’，衣羽毛穴居。”虽然这是中原人以自

图 1-1　戴草冠、围树叶裙的女子（根据屈原《九歌·山鬼》诗意描绘）

己的口气去描述边远民族，但是仍为我们勾勒出人们在文明时期到来以前曾经走过的一段服装历程。

从出土实物来看，二万多年前北京山顶洞人已懂得自制骨针（8 厘米长，有孔、有尖），这说明已出现了缝制衣服的发端。多地原始遗址出土的彩陶上，留下了麻布的印痕，江苏苏州草鞋山遗址中还出土了三块葛布残片。同时，古墓中骨、石、陶纺轮与纺锤的大量出土，更加证实了在六千年前即有纺织品的科学推断。至于服装式样，可从甘肃辛店彩陶上见到剪影式人物形象：及膝长衫，腰间束带，远观酷似今日之连衣裙。【图 1-2】其形制，可从印第安人的服装中找到依据，即很可能是织出相当于两个身长的一块衣料，中间挖一圆洞或切一竖口，对等相折，穿时可将头从中伸出，前后两片以带系束成贯口衫，也

图 1-2　穿贯口衫的原始人（甘肃辛店彩陶纹饰）

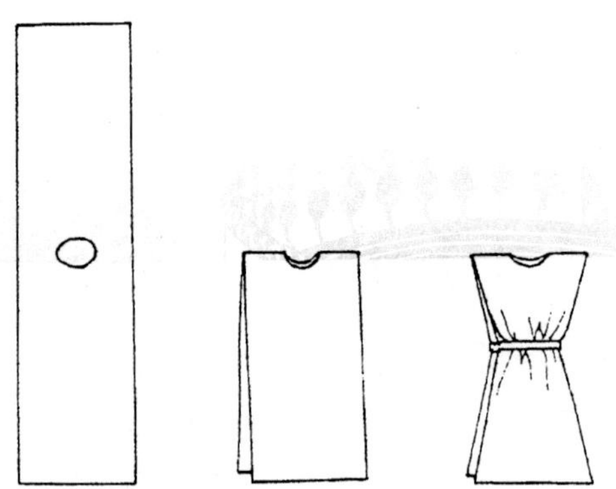

图 1-3　贯口衫裁制示意图

称贯头衫。【图 1-3】那就是人类童年的服装，纯朴、可爱、实用、方便，还带着淡淡的泥土芳香。

1973 年，在青海大通县上孙家寨出土的彩陶盆上，有绘出的三组舞蹈人形，各垂一发辫，摆向一致，服装下缘处还各有一尾饰。【图 1-4】每组五个人手拉手舞于池边柳下，好似为狩猎模拟舞，即以重复狩猎活动的某些过程而重温胜利的喜悦，当然也不排除舞于庄严肃穆的巫术仪礼之上的可能性。甚至后者所具有的含义更为原始人所重视。时隔 22 年后的 1995 年，考古工作人员又在青海省同德县巴沟乡团结村宗日文化遗址发掘出一个舞蹈纹彩陶盆。这个盆的内壁绘有两组人物，也是手拉手舞于池边柳下。所不同的是这些人物的服装轮廓剪影呈上紧身下圆球状，而这种充分占用空间的立体服装造型在中国服装中是不多见的。【图 1-5】无疑，它更具有深入研究的意义。

图 1-4　佩尾饰与辫饰的原始人（青海省大通县出土的彩陶盆纹饰局部）

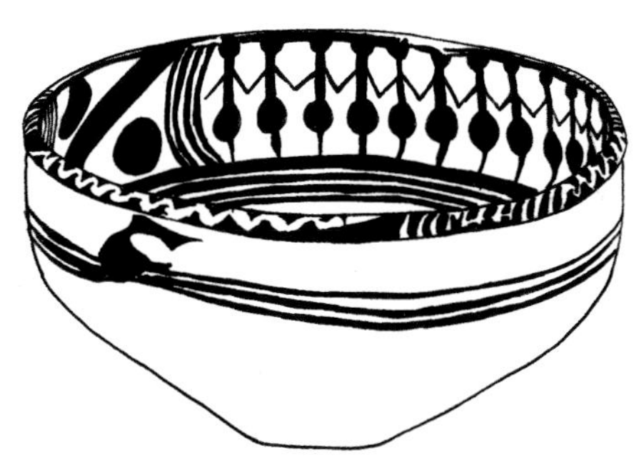

图 1-5　穿圆球形下裳的原始人（1995 年青海省同德县出土的彩陶盆）

在同时同地还出土一个双人抬物纹彩陶盆，四组人物中每两人抬一物，所穿衣着似是合体长衣，但其中一人又可明显看出双腿轮廓，这是否为早期的裤形？这就是远古时期的中国人服装吗？

比起衣服来，在山顶洞人遗址中出土的一串散放的项饰，更是给人们带来了极大的惊喜。白色的小石珠、黄绿色的砾石、兽牙、海蚶壳、鱼骨及刻有沟槽的骨管上，均有精致的穿孔，而且孔中残留着赤铁矿粉，这显然是以绳穿起来系在颈下的饰品，绳子或许曾被象征吉祥辟邪意义的红土染过。而崇尚红色的中华民族情怀，或许从那时就开始了。【图 1-6】

图 1-6　原始人的项饰（山顶洞人遗址出土）

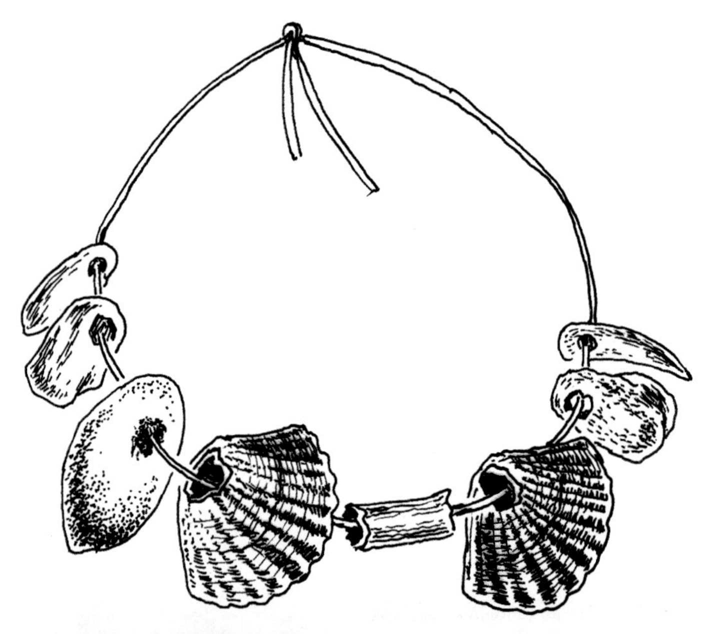

衮（gǔn）

古代君王和上公有龙纹的礼服。

冕（miǎn）

古代地位在大夫以上的官员戴的礼帽，后代专指帝王的礼冠。

二、周代已完备的服装制度

在中国经典史籍中，有《周礼》《仪礼》《礼记》，号称为“三礼”。这三本书虽然成书于战国至汉，但基本上记述了从周代确立的礼仪制度。前两部更侧重于宫廷。如《周礼》中“享先王则衮冕”，表明祭祀大礼时，帝王百官都必须穿冕服，即中国古代最高等级的礼服。当时宫中有官任“司服”者，专门掌管服制实施。同时有“内司服”安排帝王及王后的穿着。《周礼·春官·司服》中记：“掌王之吉凶衣服，辨其名物，与其用事。”说的即是按照制度所规定，需分仪式内容而确定服装。这可来不得半点疏忽，一旦有差错，那就是对天的不敬。

孔子曾说：“乘殷之辂，服周之冕。”由此可认为周代冕服就是中国服装制度的范本。仅以最典型的冕服而言，即可看出这种“顶层”礼服的大致构成形式。简单地说，冕服应包括冕冠，上衣下裳，腰间束带，前系蔽膝，足登舄屦。

（一）冕 冠

冕冠上面的板为綖板。綖作前圆后方形，戴时后面略高一寸，呈向前倾斜之势。不似我们当代戏剧中前高后低状。旒为綖板垂下的成串彩珠，一般为前后各十二旒，但根据礼仪轻重和等级差异，也有九旒、七旒、五旒、三旒之分。每旒多为穿五彩玉珠九颗或十二颗。冕冠戴在头上，以笄（簪子）沿两孔穿发髻固定，两边各垂一珠，叫作“黈纩”，也称“充耳”，垂在耳边，意在提醒君王勿轻信谗言，连同綖板前低俯就之形都含有规劝君王仁德的政治意义。【图 1-7】

图 1-7　皇帝冕服参考图（摹《历代帝王图》中晋武帝司马炎，彩图中人物为周武帝）

《历代帝王图》（局部）
阎立本（唐）
全图纵 51.3 厘米，横 531 厘米。
美国波士顿美术博物馆藏。

舄（xì）
古代一种复底鞋。

屦（jù）
麻葛制成的单底鞋。

綖（yán）
原为覆在冕冠上的布。后指冕冠的平顶，称綖板。

旒（liú）
旌旗上的飘带，亦指皇帝冕冠上装饰的玉珠。

笄（jī）
簪子，古代用来固定挽起的发髻。

黈（tǒu）
黄色。

纩（kuàng）
絮衣服的新丝绵。“黈纩”一词专指冕冠两侧垂下的玉珠。

极简中国服装史

（二）衣　裳

纁（xūn）
绛色或暗红色。

冕服多为玄衣而纁裳，连同
綖板，都是上为黑色，下为暗红色（或称绛）。上以象征未明之天，下以象征黄昏之地，然后施之以纹样，这里既有时间概念，又有空间概念，说明帝王是至高无上的。帝王隆重场合服衮服，即绣卷龙于上，然后广取几种自然景物，并寓以种种含义。《虞书·益稷》中记："予欲观古人之象……"绣绘"十二章"，"十二章"即十二幅图案，内容有日、月、星辰、山、龙、华虫、宗彝、藻、火、粉米、黼、黻。其中绣日、月、星辰，取其照临；绣山形，取其稳重；绣龙形，取其应变；绣华虫（雉鸟），取其文丽；绣绘宗彝，取其忠孝；绣藻，取其洁净；绣火，取其光明；绣粉米（白米），取其滋养；绣黼（斧形），取其决断；绣黻（双兽相背形），取其明辨。以上纹饰为十二章，除帝王隆重场合采用外，其他多为九旒七章或七旒五章，诸侯则依九章、七章、五章而依次递减，以表示身份等级。【图1-8】腰间束带，腰下正中佩之为"蔽膝"。【图1-9】

黼（fǔ）
古代礼服上的绣纹，黑白相次，作斧形。

黻（fú）
古代礼服上的绣纹，黑青相次，作两兽相背形。

图1-8　十二章纹饰：日、月、星辰、山、龙、华虫、宗彝、藻、火、粉米、黼、黻

图 1-9　佩韦韨的男子（周代传世玉雕）

河南安阳殷墟出土，美国哈佛大学费格美术馆藏。

此玉雕立像其衣作交领，头戴帽，腰间系有一韨（蔽膝）垂下。韨系于束带，韨形下角作弧形。

（二）舄　屦

《周礼·天官》中有“屦人”一条，即掌管帝王及王后足服的官职，其中写到王登舄有三种颜色，为赤、白、黑。王后登舄，以玄、青、赤为三等顺序。舄用丝绸作面，木为底。《古今注》讲：

韨（bì）

古代朝服上的蔽膝。

“舄，以木置履下，干腊不畏泥湿也。”看起来，好像是复底。屦为单底，夏用葛麻，冬用兽皮，适于平时穿用，也可配上特定鞠衣供王后嫔妃在祭先蚕仪式上专用，屦色往往与裳色相同。

周代的服装制度太讲究了，条目之细简直难以再细。而且在《礼记》中还清楚地记述了平民的着装规定，哪一类人在哪一种特定的场合需要怎样的着装，包括出生、成年、婚丧嫁娶。【图1-10、图1-11】我们不禁慨叹，中国的服装制度太伟大了。中华民族的文化如此成熟，如此久远，如此让我们感到骄傲！

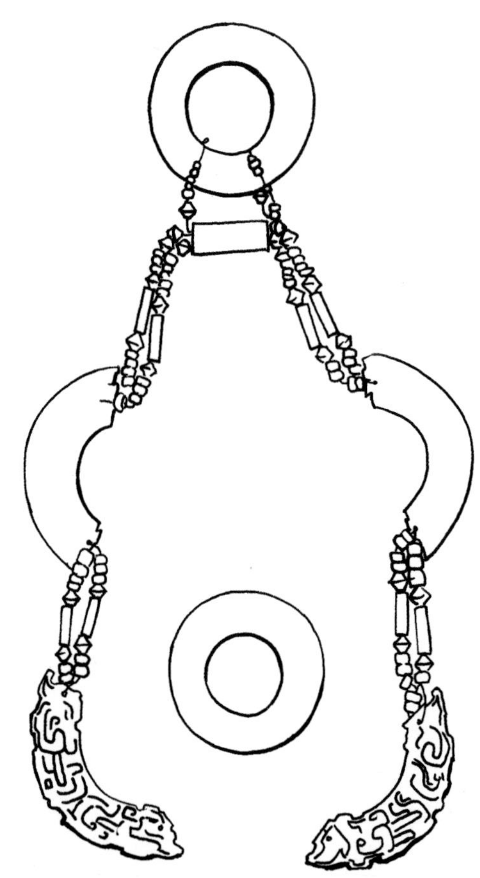

图1-10　胸腹玉佩饰（1992年山西省曲沃县天马—曲村西周晚期遗址出土）

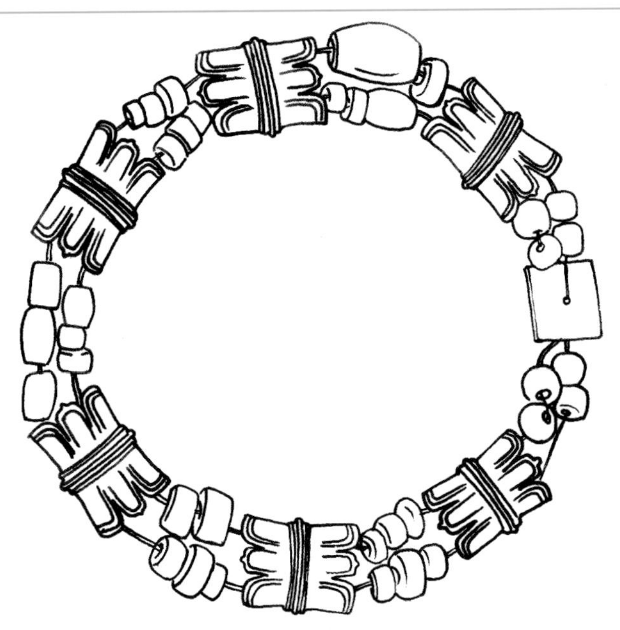

图1-11　玉串饰（1995年山东济南长清区仙人台西周墓地出土）

三、春秋战国时期的深衣与胡服

春秋战国时期，涌现出了一批有才之士，他们在思想、政治、军事、科学技术和文学上造诣极深。各学派坚持自家理论，竞相争鸣，产生了以孔孟为代表的儒家、以老庄为代表的道家、以墨翟为代表的墨家以及法家、阴阳家、名家、农家、纵横家、兵家、杂家等诸学派，其论著中有大量篇幅涉及服装美学思想。

儒家提出“文质彬彬，然后君子”，道家提出“被（披）褐怀玉”，墨家提出“衣必常暖，然后求丽”。各家理论各有所长，都对中国人的着装理念产生了不同程度的影响。这时的深衣几乎是中国服装样式的定调款式，胡服则说明了春秋战国是一个战乱频仍同时又交流活跃的年代。

（一）深　衣

深衣是春秋战国特别是战国时期盛行的一种最有代表性的服式。《五经正义》中记：“此深衣衣裳相连，被体深邃。”具体形制，其说不一，但可归纳为几点，如“续衽钩边”，不开衩，衣襟加长，使其形成三角绕至背后，以丝带

衽（rèn）
多指衣襟。

裾（jū）
多指衣服前襟。

系扎。上下分裁，然后在腰间缝为一体。上为竖幅，下为斜幅，因而上身合体，下裳宽广，长至足踝或长曳及地，走起路来却不觉拘谨。一时男女、文武、贵贱都穿。《礼记》专有深衣篇，写道："古者深衣盖有制度，以应规、矩、绳、权、衡。短毋见肤，长毋被土。续衽，钩边，要缝半下。袼之高下，可以运肘。袂之长短，反诎之及肘……故可以为文，可以为武，可以摈相，可以治军旅。完且弗费，善衣之次也。"这就是说，深衣是除了冕服之外最讲究的衣服了。深衣集中了儒家的美学思想，甚至形成了深衣制度。深衣的每一个结构、每一处细节都联系了天地万物和礼制思想。可以说，冕服是上衣下裳，而深衣是上下连属的，这两种服装奠定了中国服装两种形制的基础。【图 1-12 至图 1-17】

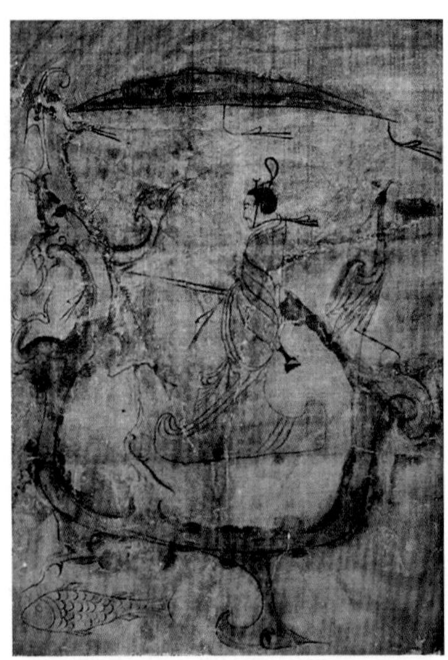

《人物御龙图》
纵 37.5 厘米，横 28 厘米。
湖南省博物馆藏。
深衣是春秋战国时期最具有代表性的服饰。

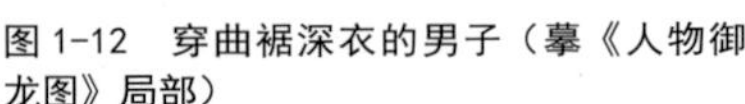

图 1-12　穿曲裾深衣的男子（摹《人物御龙图》局部）

图 1-13　穿曲裾深衣的女子

河南信阳长台关二号楚墓出土彩绘木俑，河南博物院藏。

此彩绘青年妇女木俑，其削刻技术虽比较简质，但衣着加工精细，领袖间用不同材料配合，并用不同的裁剪方法加以处理，形成丰富完美的效果。

《人物龙凤图》

纵 31.2 厘米，横 23.2 厘米。

1949 年湖南陈家大山楚墓出土，湖南省博物馆藏。

此为随墓而葬的铭旌。画上人物是墓主肖像。图中妇女为方额平梳，后垂发髻，服饰为长衣拂地，袖口用斜纹装饰，是位贵族妇女。

图 1-14　穿曲裾深衣的妇女（摹《人物龙凤图》局部）

图 1-15　东周镶金铜带钩

长 19.7 厘米。

河南省洛阳金村出土，美国弗利尔美术馆藏。

此件造型极为精美的带钩，是以变形鸟纹宽金线镶嵌在鳞纹铜嵌宝石地之上而构成的。

图 1-16　猿形银带钩（山东曲阜鲁国东周墓出土）

图 1-17　战国银首铜身填漆俑

1997 年河北省平山县中山国王墓出土，河北省文物研究所藏。

此俑为银质，人物身穿交领、曲裾深衣，腰间束以钩落带，衣领与裾加缘。

（二）胡　服

胡服是与中原人宽衣大带相异的北方少数民族服装。胡人，是中国古代对北方边地及西域各民族人民的称呼。所谓胡服，它的主要特征是短衣、长裤、革靴或裹腿，衣袖偏窄，便于活动。【图 1-18 至图 1-20】赵国第六位国君赵武灵王是一个军事家，同时又是一个服装改革家。他看到赵国军队的武器虽然比胡人优良，但大多数是步兵与兵车混合编制的队伍，加之官兵都是身穿长袍，战甲笨重，相比胡人灵活迅速的骑兵，总显不足，于是想穿胡服，学骑射。《史记·赵世家》记，赵武灵王与大臣商议："今吾将胡服骑射以教百姓，而世必议寡人，奈何？"肥义曰："王既定负遗俗之虑，殆无顾天下之议矣。"赵武灵王遂

图 1-18　穿胡服的男子（山西侯马市东周墓出土陶范局部）

图 1-19 战国青铜胡人持鸟立像

1923 年河南洛阳金村出土，美国波士顿美术博物馆藏。

此青铜立像昂首站立，脸庞丰腴，发辫垂于脑前，颈带贝饰，肩着织物披肩，身着长袍，右侧佩短剑，足着皮靴，双手持筒形物插短棍，各立一玉鸟。

下令："世有顺我者，胡服之功未可知也，虽驱世以笑我，胡地中山吾必有之。"后仍有反对者，王斥之："先王不同俗，何古之法？帝王不相袭，何礼之循？"于是坚持"法度制令各顺其宜，衣服器械各便其用"。果然，赵国很快强大起来。随之，胡服的款式及穿着方式对汉族兵服产生了巨大的影响。成都出土的采桑宴乐水陆攻战铜壶上，即以简约的形式，勾画出中原武士短衣紧裤披挂利落的具体形象。从军服到民服，这种服装成为战国时期的典型服装，同时延续至后代。

【图 1-21】

《易经·系辞》中写道："黄帝、尧、舜垂衣裳而天下治，盖取之《乾》《坤》。"我们姑且不去追究是不是从黄帝时期开始有的上衣下裳，最重要的是这里记载了古人对宇宙的探究与思考。上为天，下为地，这里有自然的法则。那么在社会上必然要有人为的秩序，于是中国人的着装观念就形成了，并深深地融入我们的血液中。

中国服装史诗的大幕已然拉开，更灿烂的影像以及奇思妙想接踵而来……

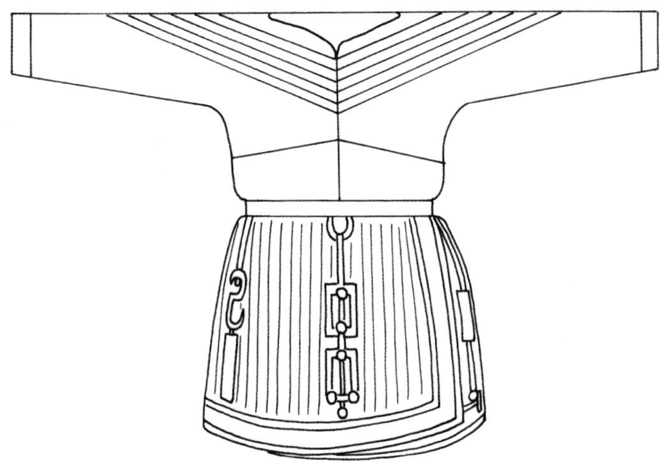

图 1-20　窄袖短袍加束革带的胡服示意图

《战国采桑宴乐水陆攻战铜壶纹饰》

四川成都出土，故宫博物院藏。

青铜壶上的妇女画像当为着窄袖曲裾长衣，内着有折褶的裳。男子戴冠，着长及膝的上衣，束腰。

图 1-21　穿短袍的武士（摹战国采桑宴乐水陆攻战铜壶纹饰局部）

第二章

雄浑敦厚——秦汉服装

秦：公元前 221—前 206 年
西汉：公元前 206—8 年
新莽：公元 9—25 年
东汉：公元 25—220 年

公元前 221 年，秦灭六国，建立起中国历史上第一个统一的多民族封建王朝，顺应了“四海之内若一家”的民心所向，建立了稳定的政治局面。公元前 202 年，刘邦建立汉王朝，定都长安，史称西汉。后刘秀重建汉政权，定都洛阳，史称东汉。东汉亡于公元 220 年，自秦统一至此共有四百余年。

这期间，秦始皇凭借“六王毕，四海一”的宏大气势，推行“书同文，车同轨，兼收六国车旗服御”等一系列积极措施，建立起包括礼仪、服装在内的政治制度。汉代遂“承秦后，多因其旧”。因而秦汉服装有许多相同之处。汉武帝派张骞通使西域，开辟了一条沟通中原与中亚、西亚乃至波罗的海的经济大道，因往返商队主要经营丝绸，所以得名“丝绸之路”。这一时期，由于各民族各国之间交流活跃，导致社会风尚有所改观，人们对服装的要求越来越高，穿着打扮日趋规整。尤其贵族阶层厚葬成风，这些都为我们留下了珍贵的文化遗产。

一、男子袍服、裤、冠与履

秦汉时期，男子以袍为贵。袍服属汉族服装古制，《中华古今注》称：“袍者，自有虞氏即有之。”实际上就是上下连属形制，以贯口衣、深衣一脉相承下来。

（一）袍　服

袍服样式以大袖为多，袖口

部分收缩紧小，称之为祛，全袖称之为袂，宽大衣袖常被夸张为“张袂成阴”。领口、袖口处可绣纹样，大襟斜领，下摆也以花饰为缘，或打一排密裥。下摆和前襟为裾，因此常根据下摆形状分成曲裾与直裾。

1. 曲裾袍

曲裾袍大襟多掩，继承战国深衣式。西汉早期多见，至东汉时渐少。【图 2-1】

2. 直裾袍

直裾袍不多掩襟，只于右腋下相叠。西汉时出现，东汉时盛行，另一个名字为“襜褕”。张衡《四愁诗》中“美人赠我貂襜褕”句，即是指直襟衣，但初时不能作为正式礼服。《史记·魏其武安侯列传》有“衣襜褕入宫，不敬”之语，显然与当时内穿古裤无裆、直襟衣遮蔽不严有关。【图 2-2、图 2-3】

（二）裤

裤为袍服之内下身的衣装，早期无裆，类似后世套裤。《说文解字》有“绔，胫衣也”，意为腿部的衣服。后来发展为有裆之裤，称裈。合裆短裤，又称犊鼻裈。内穿合裆裤之后，绕襟深衣和曲裾袍已显多余，直裾袍服便越来越普遍了。普通男子则穿大襟短衣、长裤，当然，这里主要指重体力劳动者。形制多为：衣襟短，袖子略窄，裤脚卷起或

图 2-1　穿曲裾袍的男子

陕西咸阳出土陶俑，陕西历史博物馆藏。

此彩绘陶俑戴头巾，身着交领、右衽曲裾袍。

裥（jiǎn）

裙幅或其他布帛的折叠。

襜褕（chān yú）

直裾服，区别于当年裹身的曲裾服。

图 2-2　穿直裾袍服的男子
（辽宁大连营城子汉墓壁画）

图 2-3　穿袍、戴帻的男子（四川成都天回镇出土陶俑）

扎裹腿带，总体仍较宽松。夏日也可裸上身，而下身犊鼻裈，汉墓壁画与画像砖上可见到很多这一类着装方式。【图 2-4】

（三）冠

冠作为官员朝服中的首服，从汉代又有严格规定。东汉永平二年（59），汉明帝刘庄诏有司博采《周官》《礼记》《尚书》等史籍，重新制定了祭祀服装和朝服制度。其中关于冠，确定了具体式样及名称。【图 2-5】

1. 冕冠

冕冠俗称“平天冠”，这时的冕冠“皆广七寸，长尺二寸，前圆后方，朱绿里，玄上，前垂四寸，后垂三寸，系白玉珠为十二旒，以其绶采色为组缨。三公诸侯七旒，青玉为珠；卿大夫

裈（kūn）
古时指有裆的裤子。

图 2-4　穿犊鼻裈的杂技艺人（山东沂南汉墓出土画像石局部）

图 2-5 汉代乐王公、乐舞庖厨画像石

高 73 厘米，宽 68 厘米。

山东嘉祥宋山村出土，山东石刻艺术博物馆藏。

此为山东武氏祠的画像石，是我国众多地区画像石中较具代表性的一种。画中人物为官者戴冠。

五旒，黑玉为珠”。秦汉的一尺，相当于今天的23.27厘米。这些已显然与周时冕冠有所区别。以后历代相袭，当然规定又常有变易。【图2-6】

2. 长冠

长沙马王堆汉墓中有木俑戴长冠，一般多为宦官、侍者用，但贵族祭祀宗庙时也戴。因汉高祖未做皇帝时曾以竹皮为长冠，因此长冠也被称为“高祖冠”或“刘氏冠”。【图2-7】

3. 武冠

武将所戴之冠，加貂尾者为“赵惠文”冠，加鹖尾者叫鹖冠。原来为胡人装束，后延至唐宋，一直为武将所用。【图2-8】

4. 法冠

法冠也叫獬豸冠，为执法官戴用。《后汉书·舆服志》中记载：“法冠……或谓之獬豸冠。獬豸，神羊。能别曲直，楚王尝获之，故以为冠。”【图2-9】

5. 梁冠

梁冠也叫进贤冠，为文官用。实际上，远游冠与通天冠均为梁冠之属。分一梁冠至八梁冠等大同小异的冠式。【图2-10】

汉代官员戴冠，冠下必衬帻，并根据品级或职务不同有所区别。东汉画像石上屡见这一类佩戴方式，可见帻盛行于东汉，而

鹖（hé）
鸟名，雉类，性好斗，至死不却，武士冠插鹖毛，以示英勇。或说为锦鸡。

獬豸（xiè zhì）
传说中异兽名，能辨曲直，以角触不直者。

图2-6　戴冕冠的皇帝（选自《三才图会》）

此俑服饰真实地反映出西汉时期男子的服饰形式。其头顶发中分向后挽，并戴长冠。长冠为楚冠的一种，以竹制成。此俑身着菱纹罗绮长袖袍。

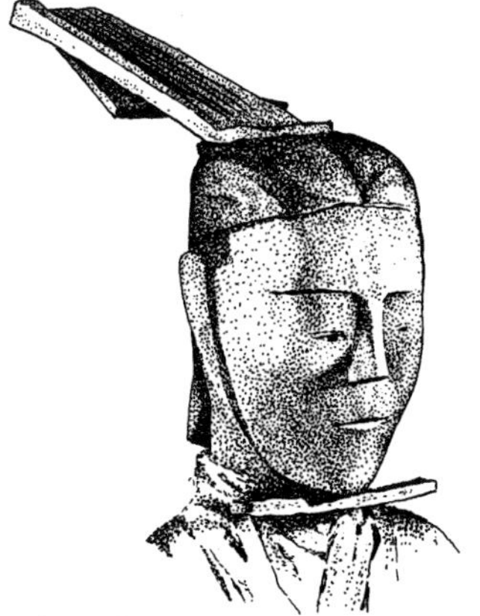

图2-7　戴长冠的侍者（湖南长沙马王堆汉墓出土着衣木俑局部）

图 2-8　战国时期戴武冠的武士（河南洛阳出土铜镜纹饰局部）

图 2-9　与文字记载法冠（獬豸冠）形接近的冠式（河南洛阳汉墓出土画像砖局部）

且冠下多衬帻，有人说与王莽头秃喜在冠下衬帻的传说有关。戴冠衬帻时，冠与帻不能随便搭配，文官的进贤冠要配介帻，而武官戴的武弁大冠则要佩平上帻，也称“平巾帻”。“卑贱执事”们只能戴帻而不能戴冠。

6. 帻、巾

帻即是包发巾的一种，秦汉时不分贵贱均可戴用，戴冠者衬冠下，庶民则可单裹。裹好后形似便帽，平顶的，一般被称为“平上帻”；屋顶状的，叫“介帻”。汉末仕宦王公贵戚，不戴冠时，以戴帻巾为雅，如袁绍、孔融、郑玄等曾戴帻巾，后来渐渐普及开来。汉末黄巾起义，即为黄色帻巾，后世也将这种巾称为“汉巾”。通常以绢帛制成。【图 2-11】

（四）履

履是足服的总称，也可以专指上朝时的足服。汉时主要有高头或歧头丝履，上绣各种花纹，或是葛麻制成的方口方头单底布履。【图 2-12】其他足服有舄，为帝王官员祭祀礼仪足服。屦为居家所穿。屐，初为出门行路用。颜师古注：“屐者，以木为之，而施两齿，所以践泥。”所以，屐很像今天在南方仍可见到的木底拖鞋。

秦汉官员除衣、冠、巾、履

帻（zé）
包发巾。

图 2-10　戴梁冠（进贤冠）的男子（山东沂南汉墓画像砖局部）

图 2-11　戴类似帻巾的男子（成都附近出土汉画像砖局部）

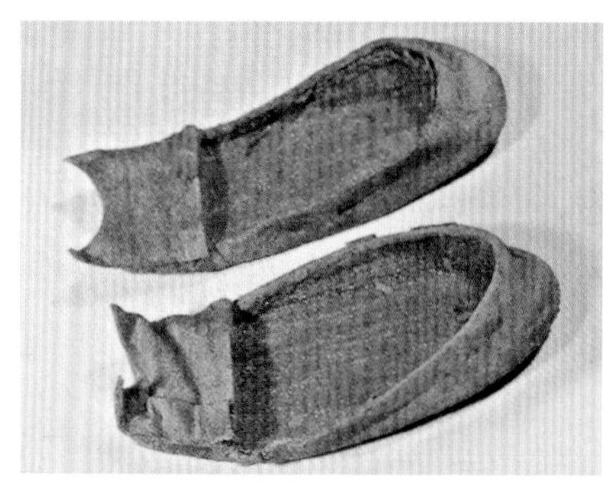
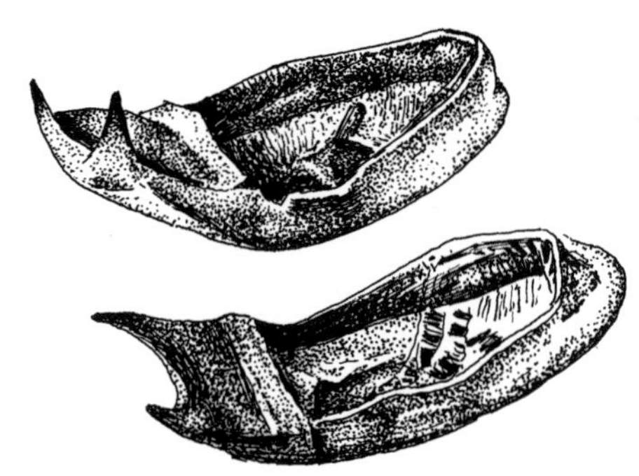
图 2-12　丝履（湖南长沙马王堆汉墓出土实物）

鞶（pán） 古代皮做的束衣带。鞶囊是古代官吏用以盛印绶的囊。

珩（héng） 佩玉的一种，形似磬而小。

琚（jū） 佩玉。

瑀（yǔ） 似玉的白石。

禅（dān） 禅，单衣。

以外，还讲究佩绶。早期多为丝带缀在兵器上，后以刀剑配组绶，显示一种身份或特权。佩戴时多垂于腰带之下或盛于鞶囊之中，再以金银钩挂在腰间。古人很讲究佩饰，商周的大佩制度至汉已经失传，东汉明帝时又恢复了大佩制度。所谓大佩，即上部为弯形曲璜，下联小璧，再有方形上刻齿道的琚瑀，旁有龙形冲牙，并以五彩丝绳盘串、珍珠点缀其间，下施彩穗，在朝会、祭祀等重要场合佩戴。如从《诗・郑风・女曰鸡鸣》中“杂佩以赠之”“杂佩以报之”等句来看，春秋时期夫妇、情人之间已用此佩饰作为爱情信物相赠。但当时杂佩以什么形状、什么质料的饰件组成，其说不一。有的书上写“以一佩上有玉，有石，有珠，有珩、璜、琚、瑀、冲牙”，可见形状和材料都不属一类的饰件穿为一串叫作杂佩。或许因地区特产不同、阶层不同，也会自然形成质料上的差异。

二、女子深衣、襦裙与佩饰

图 2-13　西汉穿深衣的拂袖女俑

（一）深　衣

秦汉妇女礼服，仍承古仪，以深衣为尚，没有像男子那样被袍服所取代。《后汉书》记：“贵妇入庙助蚕之服‘皆深衣制’。”不仅照样穿用，而且还在原有基础上又有所增加。下摆部分肥大，腰身裹得很紧，衣襟角处缝一根绸带系在腰或臀部。长沙马王堆汉墓女主人在帛画中的着装形象是极为可靠的形象资料。【图 2-13 至图 2-17】

禅衣是深衣的一种。马王堆

图 2-14　穿三重领深衣的女子（陕西西安红庆村出土加彩陶俑）

图 2-15　汉彩绘木六博俑

俑高分别为 27.5 厘米、28.5 厘米。
甘肃武威磨嘴子汉墓出土，甘肃省博物馆藏。
两人束发戴巾，上衣下裳右衽，领、袖皆有缘，跪坐作六博对弈。

图 2-16　西汉长信宫灯

1968 年于河北省满城县中山靖王刘胜妻窦绾墓中出土，河北博物院藏。
宫灯灯体为一通体鎏金、身穿深衣、双手执灯跽坐的宫女，神态恬静优雅。

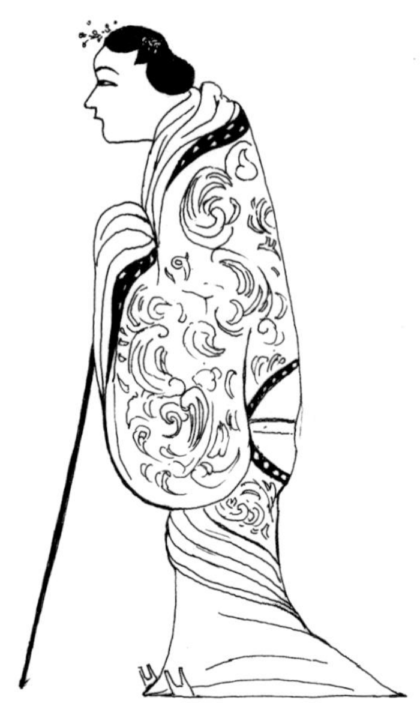

图 2-17　穿绕襟深衣的妇女（湖南长沙马王堆一号汉墓出土帛画局部）

汉墓中有一件素纱禅衣，衣长 1.6 米，袖通长 1.95 米，重量只有 49 克。这件为女主人随葬的衣服，说明当时男女均穿素纱禅衣。如果将领与袖上绢做的边缘重量去掉，可以想象中国的丝会是怎样的轻柔薄滑。至于禅衣的用处，一说为内穿，一说为罩衣。【图 2-18】

（二）襦　裙

襦是一种短衣，长至腰间，穿时下身配裙，这是与深衣上下连属所不同的另一种形制，即上衣下裳。这种穿着方式在战

图 2-18　素纱禅衣（湖南长沙马王堆一号汉墓出土实物）

国时期中山王墓出土文物中已经见到，几个小玉人穿的即是上短襦下方格裙的服式。汉裙多以素绢四幅连接拼合，上窄下宽，一般不施边缘，裙腰用绢条，两端缝有系带。《后汉书》中“常衣大练，裙不加缘”“戴良家玉女，皆衣裙，无缘裙”等记载基本上可信，为后人描绘了东汉末年的妇女装束。《陌上桑》中写罗敷女“头上倭堕髻，耳中明月珠。缃绮为下裙，紫绮为上襦”,《孔雀东南飞》中“着我绣夹裙，事事四五通。足下蹑丝履，头上玳瑁光，腰若流纨素，耳着明月珰”等描述，无疑是当时较为真实的女子装束的写照。另外，女子也有穿袍服的形象，这可从汉墓出土文物中看到一些。【图 2-19、图 2-20】

图 2-19　印花敷彩绛红纱曲裾锦袍（湖南长沙马王堆一号汉墓出土实物）

图 2-20 红地“万世如意”纹锦女服（新疆民丰尼雅东汉墓出土实物）

（三）佩 饰

汉代妇女发式考究，首饰华丽。《毛诗传》载：“副者，后夫人之首饰，编发为之。笄，衡笄也。珈，笄饰之最盛者，所以别尊卑。”《后汉书》称皇后步摇：“以黄金为山题，贯白珠为桂枝相缪，一爵（雀）九华（花），熊、虎、赤罴、天鹿、辟邪、南山丰大特六兽。”《艺文类聚》云：“珠华萦翡翠，宝叶间金琼。剪荷不似制，为花如自生。低枝拂绣领，微步动瑶琼。”这一类记载很多。【图 2-21】

妇女履式与男子大同小异，一般以丝、葛、麻等纤维制成，上面多施纹绣。木屐上也绘彩画，再以五彩丝带系扎。另外，汉代墓葬中还有袜与手套出土。【图 2-22】

图 2-21　簪花的女子（四川成都永丰东汉墓出土陶俑）

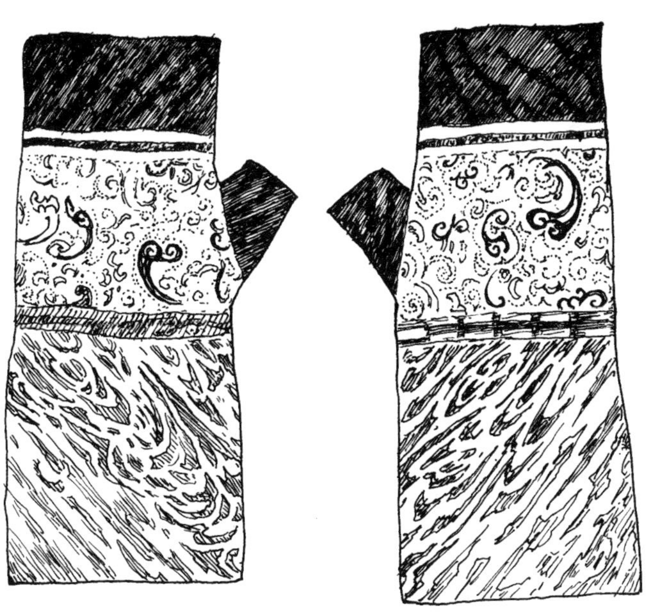

图 2-22　“信期绣”绢手套（湖南长沙马王堆一号汉墓出土实物）

三、战时戎装

秦始皇陵兵马俑坑的发掘，对于研究秦汉部队的战时戎装，有着异乎寻常的学术价值。数千兵马俑形体高大等同于常人，服装细部一丝不苟，可供今人仔细观察。据初步统计，秦汉军服可归纳为七种形制，两种基本类型。一种护甲由整体皮革等制成，上嵌金属片或犀皮，四周留阔边，为官员所服。在楚辞《九歌·国殇》中，即有“操吴戈兮被犀甲”句，说明革甲由来已久。当然所谓犀皮，实际穿用时主要是水牛皮。一种护甲由甲片编缀而成，从上套下，再用带或钩扣住，里面衬战袍，为低级将领和普通士兵所服。这种甲片可以是皮革，更多是金属材质。【图2-23至图2-25】

汉王朝的主要战敌是匈奴。匈奴善于骑马射箭，正如与赵

图2-23　秦始皇陵兵马俑一号坑

陕西临潼秦始皇帝陵博物馆。

图 2-24　秦代将军俑

约高 180 厘米。

1974 年陕西临潼骊山秦始皇陵东侧 1.5 公里处秦兵马俑一号坑出土，陕西秦始皇兵马俑博物馆藏。

秦俑形象逼真，清晰地为我们展现了秦代的服饰、冠履。秦国军队中不同的兵种和不同地位的人，服装是不一样的。一般分为将军俑和士兵俑两类。此俑为将军俑，身穿双重长襦，外披彩色鱼鳞甲，下着长裤，足登方口齐头翘尖履，头戴鹖冠。

图 2-25　穿铠甲的兵士（陕西临潼出土秦兵俑）

武灵王相抗争的北胡一样，他们都是以游牧经济为主，这两个民族在历史上是有渊源的。汉军为了适应这种战场的需要，也要弃战车，习骑射。为避免短兵相接的过大伤亡，必须改革战甲，故而出现铁制铠甲。东汉末年，孔融在《肉刑论》中云："古圣作犀兕铠，今有盆领铁铠，绝圣人其远矣。"从这句话可看出，铠甲出现时间最早当在东汉。【图 2-26】

图 2-26　出征的武士（陕西咸阳杨家湾汉墓出土）

第三章

婉约飘逸——魏晋南北朝服装

三国：公元 220—265 年
西晋：公元 265—317 年
东晋：公元 317—420 年
十六国：公元 304—439 年
南朝：公元 420—589 年
北朝：公元 386—581 年

从公元 220 年曹丕代汉，到公元 589 年隋灭陈统一全国，共 369 年。这一时期基本上是处于动乱分裂状态的，先为魏、蜀、吴三国呈鼎立之势。后有司马炎伐魏，建立晋朝，统一全国，史称西晋。西晋不到 40 年即灭亡。司马睿在南方建立偏安的晋王朝，史称东晋。在北方，有几个民族相继建立了十几个国家，被称为十六国。东晋后，南方历宋、齐、梁、陈四朝，统称为南朝。与此同时，鲜卑拓跋氏的北魏统一北方，后又分裂为东魏、西魏，再分别演变为北齐、北周，统称为北朝。最后，杨坚统一全国建立隋朝，方结束了南北分裂的局面。

这期间，一方面因为战乱频仍，社会经济遭到相当严重的破坏；另一方面，由于南北迁徙，民族错居，也加强了各民族之间的交流与融合，因此，对于服饰的发展也产生了积极的影响。初期各族服装自承旧制，后期因相互接触而渐趋融合，涌现出了许多新气象。

一、汉族男子的衫、首服与履

（一）衫

魏晋及南朝男子服装以长衫为尚。衫与袍的区别在于袍有袪，即紧袖口，而衫为宽大敞袖。袍都有里、面和夹絮，而衫可单、夹，质料有纱、绢、麻布等，颜色多喜用白，喜庆婚礼也穿白衫。《东宫旧事》记：“太子纳妃，有白縠、白纱、白绢衫，并紫结缨。”看来，

袪（qū）
袖口。
縠（hú）
有皱纹的纱。

白衫不仅用作士人常服，也可当礼服。

由于不受衣袖限制，这时期服装日趋宽博。【图3-1至图3-3】《晋书·五行志》云："晋末皆冠小而衣裳博大，风流相仿，舆台成俗。"《宋书·周郎传》记："凡一袖之大，足断为两，一裾之长，可分为二。"一时，上至王公名士，下及黎民百姓，均以宽衣大袖为尚，只是耕于田间或从事重体力劳动者仍为短衣长裤，下缠裹腿。

《洛神赋图》（宋摹本，局部）
（传）顾恺之（东晋）
全图纵27.1厘米，横572.8厘米。
故宫博物院藏。

图3-1　戴梁冠和漆纱笼冠、穿大袖衫的男子（摹顾恺之《洛神赋图》局部）

图 3-2　斫琴图（宋摹本）

（传）顾恺之（东晋）

全图纵 29.4 厘米，横 130 厘米。

故宫博物院藏。

图中士人和随行的童仆皆着大袖宽袍，头戴小冠或巾帻，脚蹬高齿屐，呈现一种乱头粗服、重神轻形、“不自藻饰”的疏阔着装风格。

图 3-3　大袖衫示意图

褒衣博带成为这一时期的主要服饰风格，其中尤以文人雅士最为喜好。众所周知的竹林七贤，不仅喜欢如此着装，还以蔑视朝廷、不入仕途为潇洒超脱之举。表现在装束上，则是袒胸露臂，披发跣足，以示不拘礼法。《抱朴子·刺骄篇》称："世人闻戴叔鸾、阮嗣宗傲俗自放……或乱项科头，或裸袒蹲夷，或濯脚于稠众。"《晋记》载："谢鲲与王澄之徒，摹竹林诸人，散首披发，裸袒箕踞，谓之八达。"《搜神记》写："晋之康中，贵游子弟，相与为散发裸身之饮。"《世说新语·任诞》载："刘伶尝着袒服而乘鹿车，纵酒放荡。"《颜氏家训》也讲梁世士大夫均好褒衣博带，大冠高履。从古籍记载中不难看出，当年除以"飘若游云，矫若惊龙""濯濯如春月柳"等超脱形象做比喻外，还出现许多道德、审美概念等方面的形容词，如生气、骨气、风骨、风韵、自然、

图 3-4　穿大袖宽衫、垂长带、梳丫髻、袒胸露臂的士人（南京西善桥出土《竹林七贤与荣启期》砖印壁画局部）

温润、情致、神、真、韵、秀等，这些属于文化范畴的理论无疑对服装风格产生了重大影响。《世说新语》中关于“林公道王长史，敛衿作一来，何其轩轩韶举”“裴令公有俊容仪。脱冠冕，粗服乱头，皆好。时人以为玉人”的描述都反映了当时社会文化状况。【图 3-4、图 3-5】

从这种着装理念中不难看出，当年士人是反对儒家礼制思想的，他们崇尚酒、乐、丹、玄，其玄学就是在道家思想基础上发展起来的。

这一时期男子除大袖衫以外，也着袍、襦、裤、裙等。《周书·长孙俭传》记：“日晚，俭乃著裙襦纱帽，引客宴于别斋。”裙，即是自黄帝时就有的下裳，可到了士人身上，也变得相当宽广，且下可长至曳地，穿于衣内的同时也可穿于上衣之外，腰间以丝绸宽带系扎。【图 3-6】

图 3-5　穿大袖宽衫、裹巾、袒胸露臂的士人（南京西善桥出土《竹林七贤与荣启期》砖印壁画局部）

图 3-6　穿汉时鸡心领袍服的男子（甘肃嘉峪关出土砖画）

（二）首　服

男子首服有各种巾、冠、帽等，其中巾有幅巾、纶巾等。纶巾为幅巾中的一种，传说为“诸葛巾”。《三才图会·衣服记》记：“诸葛巾，一名纶巾。诸葛武侯（亮）尝服纶巾，执羽扇，指挥军事。”苏轼《念奴娇·赤壁怀古》中也曾提到“羽扇纶巾，谈笑间，樯橹灰飞烟灭”。再如小冠，前低后高，中空如桥，因形小而得名，不分等级都可以戴用。【图3-7】高冠是继小冠流行之后兴起的，戴高冠时常配宽衣大袖。最有时代特色的是漆纱笼冠，这种冠在魏晋时期最为流行。它的制作方法是在冠上用经纬稀疏且轻薄的黑色丝纱涂上漆水，使之高高立起，远看形同高冠，但看起来很轻，而且里面有一实冠之顶隐约可见。东晋画家顾恺之《洛神赋图》中人物多着漆纱笼冠。

帽子是南朝以后兴起的，主要有白纱高屋帽：初唐阎立本《历代帝王图》中陈文帝即戴这种帽。【图3-8】样式为高顶无檐，通常用于宴见朝会。另有黑帽：以黑色布帛制成的帽子，多为仪卫所戴。还有大帽，也称“大裁帽”。一般有缘，帽顶可装插饰物，通常用于遮阳挡风。

（三）履

此期除采用前代丝履之外，盛行木屐。《宋书·武帝本纪》写其性尤简易，常着连齿木屐，好出神武门。《颜氏家训》讲：“梁朝全盛之时，贵游子弟……无不熏衣剃面，傅粉施朱，驾长檐车，跟高齿屐。”《宋书·谢灵运传》记：“登蹑常着木屐，上山则去前齿，下山去其后齿。”唐代诗人李白《梦游天

图3-7　戴小冠的乐人
（北朝陶俑　传世实物）

图 3-8 戴白纱高屋帽（一说菱角巾）的皇帝（唐《历代帝王图》中陈文帝形象）

《历代帝王图》（局部）
阎立本（唐）
全图纵 51.3 厘米，横 531 厘米。美国波士顿美术博物馆藏。

姥吟留别》中有“脚著谢公屐”句，即是指这种古代“登山鞋”。在着装礼仪中，一般访友赴宴只能穿履，不得穿屐，否则会被认为是仪容轻慢，没有教养。但在江南一些地区，由于多雨，木屐穿用范围十分广泛，基本上就是日常足服。

二、汉族女子的服装与首饰

（一）衫

这时期女子服装多承汉制，妇女们平时所穿的衣服主要为衫。具体款式除大襟外还有对襟，领与袖施彩绣，腰间系一围裳或抱腰，亦称腰采，外束丝带。妇女服式风格有窄瘦与宽博两种，各有各的美，如南朝梁庾肩吾《南苑还看人》诗“细腰宜窄衣，长钗巧挟鬟”，咏其窄式。梁简文帝《小垂手》诗“且复小垂手，广袖拂红尘”及吴均《与柳恽相赠答》诗“纤腰曳广袖，丰额画长蛾”，则是咏其宽式的。《玉台新咏·谢朓赠王主簿》中“轻歌急绮带，含笑解罗襦”，晋代傅玄《艳歌行》中“白素为下裙，月霞为上襦”，何思澂《南苑逢美女》中“风卷葡萄带，日照石榴裙”，梁武帝咏“衫轻见跳脱”等诗句，均绘声绘色地形容出妇女着衫时的动人身姿与整体形象。【图 3-9、图 3-10】

《洛神赋图》（宋摹本，局部）
（传）顾恺之（东晋）
全图纵 27.1 厘米，横 572.8 厘米。
故宫博物院藏。

图 3-9 穿大袖宽衫的女子（摹顾恺之《洛神赋图》局部）

此图中弹拨乐器的女陶俑着宽袖封襟上衣，腰束带，下着长裙。

图 3-10 北朝陶俑

髾（shāo）

一指头发梢，另指妇女衣饰。

袿（guī）

多指妇女长衣。

帔（pèi）

披在肩上的彩巾。

《列女仁智图》（宋摹本，局部）

（传）顾恺之（东晋）

全图纵 25.8 厘米，横 470.3 厘米。

故宫博物院藏。

此图中女子发梳大髻，着宽袖衣，下着双裙，裙垂飘带飞舞。

（二）深　衣

男子已不穿的深衣仍在妇女间流行，并有所发展，主要变化在下摆。通常将下摆裁制成数个三角形，上宽下尖，层层相叠，因形似旌旗而名之曰“髾”。围裳之中伸出两条或数条飘带，名为“襳”。走起路来，“襳”随风飘起，如燕子轻舞，别有一种风采，所以有“华袿飞髾”之美妙形容。《汉书·司马相如传》有“蜚襳垂髾”的形容，东晋大画家顾恺之《列女仁智图》中更是留下了可贵的视觉形象。南北朝时，有些服装将曳地飘带去掉，再加上长尖角燕尾，使服式又为之一变。【图 3-11、图 3-12】

（三）帔

帔是始于晋代而流行于以后各代的一种妇女衣物，形似围巾，披在颈肩部，可交于领前，自然垂下。《释名》云：“披之肩背，不及下也。”庾信《美人春日》诗曰：“步摇钗梁动，红轮帔角斜。”简文帝曰：“散诞披红帔，生情新约黄。”这些诗都描绘出了帔披戴后的形象，其延至后代又不断变化。

图 3-11　穿杂裾垂髾服的妇女（摹顾恺之《列女仁智图》局部）

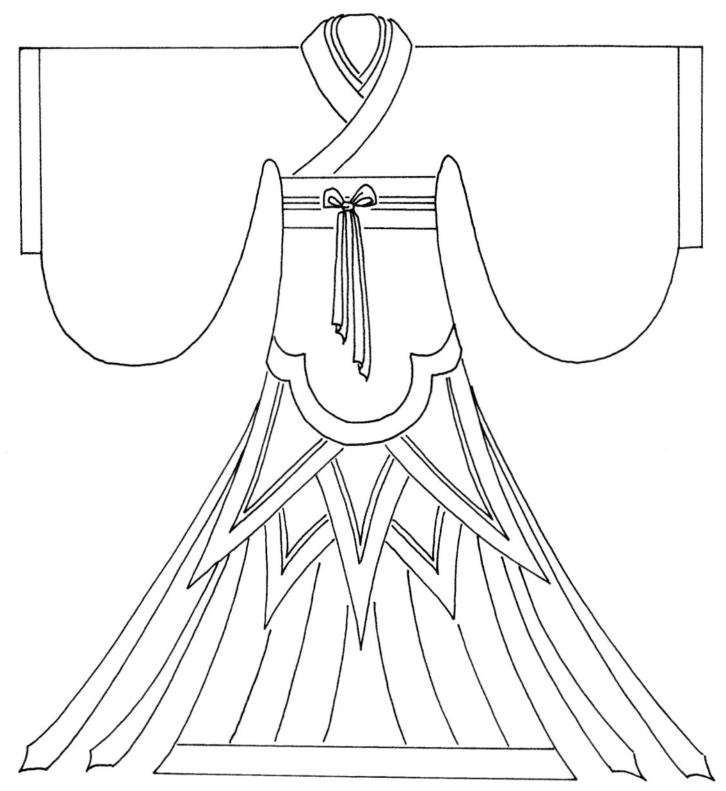

图 3-12　杂裾垂髾女服示意图

（四）履

履分丝、锦、皮、麻等质料，面上绣花、嵌珠、描色。如陆机《织女怨》中有“足蹑刺绣之履”，梁时沈约有“锦履并花纹”等诗句的描写。新疆阿斯塔那墓中曾出土一双方头丝履，足以见其样式与工艺。《烟花记》中还提到一种尘香履，“陈宫人卧履，皆以薄玉花为饰，内散以龙脑诸香屑，谓之尘香”。其鞋头样式，有凤头、聚云、五朵、重台、笏头、鸠头等高头式，穿时恰露于衫裙之外。这种高竖的鞋头，既可使衣服长长的前襟堆在脚面上，不致影响走路，又可作为装饰。男女都这样穿着，这已成为中国鞋的一大亮点。【图 3-13】

图 3-13　织出汉字铭文“富且昌宜侯王天命延长”的五彩锦履

东晋“富且昌宜侯王天延命长”织成履

长 24 厘米，宽 8.5 厘米，高 4.5 厘米。

1964 年新疆吐鲁番阿斯塔那 39 号墓出土，新疆维吾尔自治区博物馆藏。

此履是以丝线编织履面和以麻线编织履底、衬里的彩色编织履。

（五）首　饰

首饰发展到魏晋南北朝时期，突出表现为竞尚富丽。其质料之华贵，名目之繁多，是前所未有的，这显然与嫔妃营妓（汉末出现的妓女以“营妓”形式出现）热衷奢侈风气有关。曹植在《洛神赋》中写道：“奇服旷世，骨像应图，披罗衣之璀粲兮，珥瑶碧之华琚，戴金翠之首饰，缀明珠以耀躯，践远游之文履，曳雾绡之轻裾。”他还在《美女篇》中写道：“攘袖见素手，皓腕约金环。头上金爵钗，腰佩翠琅玕。明珠交玉体，珊瑚间木难。罗衣何飘飘，轻裾随风还。”《中华古今注》中记载：“魏文帝宫人绝所爱者，有莫琼树、薛夜来、田尚衣、段巧笑，皆日夜在帝侧。琼树始制为蝉鬓，望之缥缈如蝉翼，故曰蝉鬓。巧笑始以锦衣丝履作紫粉拂面，尚衣能歌舞，夜来善为衣裳，皆为一时之冠绝。”傅元《有女篇》中记载：“头安金步摇，耳系明月珰。珠环约素腕，翠爵垂鲜光。”繁钦《定情诗》中记载：“绾臂双金环……约指一双银……耳中双明珠……香囊系肘后……绕腕双跳脱……美玉缀罗缨……素缕连双针……金薄画搔头……耳后玳瑁钗……纨素三条裙。”传为萧衍所作的《河中之水歌》中“头上金钗十二行，足下丝履五文章”等多得无法数清的诗句，都给我们留下了许多美好的首饰形象。【图 3-14】

图 3-14　梳单环髻和双丫髻的女子（河南邓州市学庄墓出土画像砖局部）

此图中妇女服饰是南朝齐梁年间具有代表性的流行装扮，发为头顶抽环上耸样式。图中人物身份可从发饰上进行区分，左边两位单环髻妇女当为贵族，右边两位梳双丫髻的当为仕女。

三、北方民族的裤褶、缚裤与裲裆

北方民族，是古代中原人泛指五胡之地的少数民族。他们素以游牧、狩猎为生，因此其服式要便于骑马奔跑并利于弯弓搭箭，便利是最大特点。春秋战国时，赵武灵王引进的胡服，即为这种短衣长裤形式。魏晋南北朝时期，最有典型意义的服装为裤褶与裲裆，它们随胡人传入中原，先是对军队服装，后是对民间服装，都产生了明显的影响。

（一）裤　褶

这是一种上衣下裤的服式，谓之裤褶服。《释名》释“裤”即为“绔也，两股各跨别也”，

裲裆（liǎng dāng）

前后两片相连的坎肩。

褶（dié）

裤褶为重衣，另有 zhě、xí 两音。

绔（kù）

同裤，古时指套裤，以别于有裆的裈。

以区别于两腿穿在一处的裙或袍。褶，按《急就篇》云：“褶为重衣之最，在上者也，其形若袍，短身而广袖，一曰左衽人之袍也。”观其服式，犹如汉族长袄，对襟或左衽，不同于汉族习惯的右衽，衽即指大襟。穿裤褶时要腰间束革带，方便利落，往往使着装者显露出粗犷剽悍之气。随着南北民族的接触，这种服式很快被汉族军队所采用。晋《义熙起居注》载：“安帝诏曰：‘诸侍官戎行之时，不备朱衣，悉令绔褶从也。’”后来这种服式广泛流行于汉族民间，而且男女都可以穿，一般作为日常服用，质料用布、缣，上施彩绘加绣，讲究的以锦缎织成，或用野兽毛皮等装饰。《世说新语》云：“武帝降王武子家，婢子百余人，皆绫罗裤褶。”《邺中记》载：“石虎皇后出，女骑一千为卤簿。冬月皆着紫纶巾，蜀锦裤褶，腰中着金环参镂带，皆着五文织成靴。”女子穿裤褶，别具一番英武俏丽之气。【图 3-15、图 3-16】

图 3-15　穿裤褶、缚裤的男子（北朝陶俑　传世实物）

（二）缚　裤

《宋书》《隋书》中讲到，凡穿裤褶者，多以锦缎丝带裁为三尺一段，在裤管膝盖部位下紧紧系扎，以便行动，成为既符合汉族“广袖朱衣大口裤”的特点，同时又便于行动的一种急装形式。裤褶虽然轻便，但用于礼服，两条裤管分开毕竟对列祖皇上有不恭之意，总之离汉族正统衣装上衣下裳和深衣袍服相距

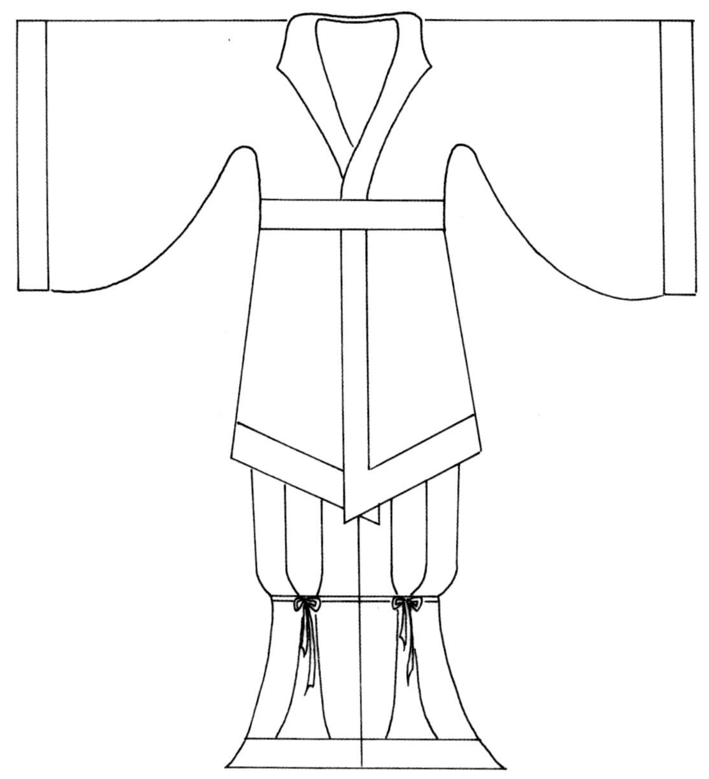

图 3-16 裤褶、缚裤示意图

过远。于是，在此基础上，有人将裤脚加肥，以增大效果，使穿着者立在那儿宛如穿着下裳，行动起来却又方便，且不失翩翩之风。但因为裤形过于博大仍有碍上召或军阵急事，于是，为兼顾两者又派生出一种新的服式——缚裤。

（三）裲 裆

《释名·释衣服》称:“裲裆，其一当胸，其一当背也。”清王先谦《释名疏证补》曰 :“今俗谓之背心，当背当心，亦两当之义也。”观其古代遗物中裲裆穿在人们身上的形象，其款式当为无领无袖，初似为前后两片，腋下与肩都以纽扣系上，男女都可以穿。《晋书·舆服志》载:“元康末，妇人衣出两裆，加乎交领之上。”也许很多为夹服，以丝绸做成或纳入棉絮。裲裆款式也可用于军服，制成裲裆铠。改为铁皮甲叶后，穿时套在衬

衵（nì）

内衣，贴身的衣服。

袍之外。南梁王筠曾在《行路难》诗中写道："裲裆双心共一抹，衵腹两边作八撮……胸前却月两相连，本照君心不照天。"从诗句来看，裲裆也是贴身穿。应该说，这种服式一直沿用至今，南方称马甲，北方称背心或坎肩。有单、夹、皮、棉等区别，可作为内衣，又可穿在长袖衣之上。套在衣外者略长，穿在衣内者则略短。【图 3-17、图 3-18】

这一时期虽然有北方民族的尚武服式，但裤褶、裲裆被广泛穿用后，服式风格依然统一在一种飘逸洒脱的时代风格之中。

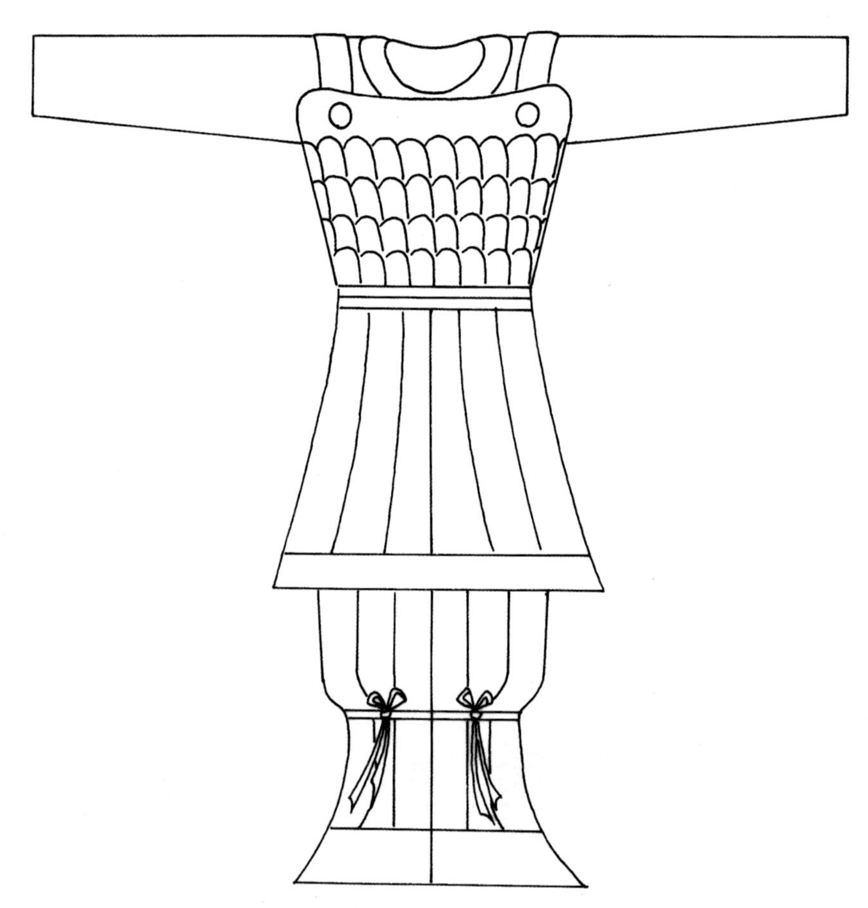

图 3-17　裲裆铠示意图

此图中武士陶俑头戴盔，身着缚裤。所着铠甲的甲片为鱼鳞形。

图 3-18　穿裲裆铠和缚裤、戴兜鍪的武士（北魏加彩陶俑　传世实物）

第四章

绚丽华彩——隋唐五代服装

隋：公元 581—618 年
唐：公元 681—907 年
五代：公元 907—960 年

公元 581 年，隋文帝杨坚夺取北周政权建立隋王朝，后灭陈统一中国。但隋朝仅维持三十余年。隋代官员李渊、李世民父子在诸多起义军中日渐占据优势，进而消灭各部，建立唐王朝，重新组织起中央集权制的封建秩序，时值公元 618 年。自此近三百年后，公元 907 年，朱温灭唐，建立梁王朝，使中国又陷入长达半个世纪的混乱分裂之中。因梁、唐、晋、汉、周五个朝廷相继而起，占据中原，连并同时出现的十余个封建小国，这一时期在历史上被称为五代十国。

隋唐时期，中国南北统一，疆域辽阔，政治稳定，经济发达，中外交流频繁，体现出唐代政权的稳固与强大。尤其是“丝绸之路”打开的国际市场，等于为各国人民互通有无创造了条件。当时，唐代首都长安不仅君临全国，而且是亚洲经济文化中心，进而影响到欧洲各国各地区使臣、商人、留学生来到长安，无疑促进了服装的更新与发展。服装，作为精神与物质的双重产物，与唐代文学、艺术、医学、科技等共同构成了大唐全盛时期的灿烂文明。

一、男子圆领袍衫、幞头与乌皮靴

幞（fú）
亦作幞头，一种头巾。

在隋唐之前，中国服装已经趋于丰富，再经过魏晋南北朝时期的民族大融合，很多地区、很多民族的服饰都在不同程度上因互相影响而有所发展，从而产生了一些新的服装和穿着方式。特别是从隋唐时起，服装制度越来越完备，加之物质充裕，民风奢华，因而服式、服色上都呈现出多姿多彩的局面。就男装来说，虽服式相对女装较为单一，但服色上却被赋予很多讲究。

（一）圆领袍衫

圆领袍衫也称团领袍衫，是隋唐时期士庶、官宦男子普遍穿着的服式，当为常服。从大量唐代遗存画迹来观察，圆领袍衫明显受到北方民族的影响，整体各部位变化不大，一般为圆领、右衽，领、袖及襟处有缘边。文官衣略长而至足踝或及地，武官衣略短至膝下。袖有宽窄之分，多随时尚而变异，也有加襴、褾者，其中有些款式延至宋、明。【图4-1、图4-2】服色上有严格规定，据《唐音癸签》记，“唐百官服色，视阶官之品”。这与前几代只有祭服规定服式服色有所不同，而是直接标识官员品级。隋与唐初，尚黄但不禁黄，士庶均可服，据唐代魏徵等人撰的《隋书·礼仪志》载，“百官常服，同于匹庶，皆著黄袍，出入殿省。高祖朝服亦如之，唯带加十三环，以为差异”。而后，“唐高祖武德初，用隋制，天子常服黄袍，遂禁士庶不得服，而服黄有禁自此始”。

“黄袍加身”成为帝王登基的象征，一直延续至清王朝灭亡，长达一千余年，以至黄色作为非皇帝莫属的御用色的习尚对中国人民社会文化意识起到相当强的制约作用。贞观四年（630）和上元元年（674）两次下诏颁布服色并佩饰的规定，第二次较前更为详细，即：“文武三品以上服紫，金玉带十三銙；四品服深绯，金带十一銙；五品服浅绯，金带十銙；六品服深绿，银带九銙；七品服浅绿，银带九銙；八品服深青，鍮石带九銙；九品服浅青，鍮石带九銙；庶人服黄，铜铁带

襴（lán）
古时上下衣相连的服装谓襴衫。

褾（biǎo）
袖端。

銙（kuǎ）
古代腰带上的饰物，质料、数目随身份而异。

鍮（tōu）
鍮石即黄铜。

图4-1　穿圆领袍衫、裹软脚幞头的男子（摹唐人《游骑图》局部）
这幅作品画的是唐朝仕宦贵族骑马出游玩乐时两人步行，一人策马缓慢行走的场景。从图中人物衣着和马匹装备等来看，人物服饰是典型的盛唐开元天宝年间式样。图中人物均穿圆领便服，袖子小而长。裹发用的幞头都为黑纱制成。

图 4-2　穿圆领袍衫、裹硬脚幞头的男子（摹周文矩《文苑图》局部）

《文苑图》（局部）

周文矩（五代）

全图纵 37.4 厘米，横 58.5 厘米。

故宫博物院藏。

此图中人物头戴黑纱圆翅幞头，身着圆领、窄袖袍。此装扮为五代时期官服。

七銙。”

这里需要注意的是，在服黄有禁初期，对庶人还不甚严格，只是官员不许穿。《隋书·礼仪志》载：“大业六年诏，胥吏以青，庶人以白，屠商以皂。唐规定流外官、庶人、部曲、奴婢服䌷、絁、布，色用黄、白，庶人服白，但不禁服黄，后因洛阳尉柳延服黄衣夜行，被部人所殴，故一律不得服黄。”从此服黄之禁更为彻底了。一般士人未进仕途者，以白袍为主，故有“袍如烂银文如锦”之句。《唐音癸签》也载：“举子麻衣通刺称乡贡。”

袍服花纹初多为暗花，如大科绫罗、小科绫罗、丝布交梭钏绫、龟甲双巨十花绫、丝布杂绫等。至武则天时，曾赐文武官员袍绣对狮、麒麟、对虎、豹、鹰、雁等真实动物或神禽瑞兽纹饰，此举形成了明清官服上补子的风行。

（二）幞　头

幞头是这一时期男子最为普遍的首服。初期以一幅罗帕裹在头上，较为低矮。后在幞头之下，以桐木、丝葛、藤草、皮革等制成固定型，犹如一个假发髻，以保证裹出的幞头外形可以维持良久。中唐以后，逐渐形成定型帽子。名称依其演变式样而定，贞观时顶上低平的被称为“平头小样”；高宗和武则天时加高顶部并分成两瓣，称“武家诸王样”；玄宗时顶部圆大，俯向前额称“开元内样”，皆为柔软纱罗。幞头缠裹后有两脚，初似带子，自然垂下，至颈或过肩后渐渐变短，弯曲朝上插入脑后结内，这一类谓之软脚幞头。中唐以后的幞头之脚或圆或阔，犹如硬翅而且微微上翘，中间似有丝弦，以使其有弹性，谓之硬脚。这种幞头，据说因北周武帝常裹戴而流行于后世，至隋唐时，部分官宦士庶、长幼尊卑，都好裹戴幞头。正如《大学衍义补》所述：“纱幞即行，诸冠由此尽废。”【图 4-3、图 4-4】

（三）乌皮靴

乌皮靴为这一期间普遍所着履式，居家之时才穿丝履等。男子戴幞头、穿圆领袍衫，脚蹬乌皮六合靴，既洒脱随意，又不失英武之气，是汉族与北方民族相互融合而产生的一套服装。这套服装的款式与配套，成了中国古代男子服装的典型样式。

图 4-3　幞头“英王踣样”“平头小样”“开元内样”（选自唐代陶俑）

《客使图》（局部，唐）

全图纵 185 厘米，横 274 厘米。

陕西历史博物馆藏。

图中在前引导的官员的穿戴是初唐的朝服，另三人为异域使者，学者根据服饰和相貌特征，大致认为他们是东罗马使者、新罗国使者和东北少数民族地区的酋长。

图 4-4　唐官员及来访国或民族服饰形象（摹陕西西安章怀太子墓壁画《客使图》局部）

二、女子的冠服与妆饰

隋唐五代时期的女子服装，是中国服装史中最为精彩的篇章，其冠服之丰美华丽，妆饰之奇异纷繁，都令人目不暇接。其总体态势，不仅超越前代，而且后世也无法企及，可谓中国古代无比瑰丽的百花园。

大唐三百余年中的女子服装形象，可主要分为襦裙装、男装、胡服三种配套方式。这是唐代服装成熟的标志。

（一）襦裙装

襦裙装主要为上着短襦或衫，下着长裙，佩披帛，加半臂，足登凤头丝履或精编草履。头上花髻，出门可戴幂篱或各式帽。【图 4-5、图 4-6】

图 4-6　穿半臂、襦裙的妇女（陕西西安出土三彩陶俑）

幂篱（mì lí）

古代一种遮盖头部的方巾。

图 4-5　穿窄袖短襦、长裙的女子（隋代瓷俑　传世实物）

此俑着小袖上衣，也称缺襦。着缺襦长裙是隋朝妇女服装的基本形式，其特点为裙高束及胸，有的甚至束至腋下。前垂双带及膝下，带下端呈剑形。

《纨扇仕女图》（宋摹本，局部）
周昉（唐）
全图纵 33.7 厘米，横 204.8 厘米。
故宫博物院藏。

图 4-7　穿短襦、长裙的妇女（摹周昉《纨扇仕女图》局部）

1. 襦

唐代女子依隋代时尚，喜欢上穿短襦，下着长裙。这时的裙腰提得极高至腋下，以绸带系扎以充分显示丰腴。上襦很短，成为唐代女服特点。襦的领口常有变化，如圆领、方领、斜领、直领和鸡心领等。盛唐时有袒领，初时多为宫廷嫔妃、歌舞伎者所服，但是，一经出现，连仕宦贵妇也予以垂青。袒领短襦的穿着效果，一般可见到女性胸前乳沟，这是中国服装演变中非常少见的服式和穿着方法。方干曾有《赠美人》诗“粉胸半掩疑暗雪”（也有版本为“晴雪”），欧阳询《南乡子》诗“二八花钿，胸前如雪脸如花”等句子或许描绘的就是这种装束。唐朝懿德太子墓石椁线雕和众多陶俑上都显示了这种领型，只不过前者穿的可能是衫。襦的袖子初期有宽窄二式，盛唐以后，衣裙加宽，袖子放大。文宗即位时，曾下令：衣袖一律不得超过一尺三寸。但“诏下，人多怨也”，衣袖反而日趋宽大。【图 4-7 至图 4-11】

2. 衫

衫比襦长，多指丝帛单衣，

《捣练图》(局部)
张萱(唐)
全图纵 37 厘米,横 145.3 厘米。
美国波士顿美术博物馆藏。
此图中妇女头梳高髻、绾梳子形簪子,额头有花钿。身着上襦下裙,肩披帛。在裙及上衣的图案中有精细的织物纹样。

图 4-8 穿短襦、长裙、披帛的妇女(摹张萱《捣练图》局部)

图 4-9 窄袖、短襦、长裙、披帛示意图

图 4-10　穿袒领、窄袖、短襦、长裙的妇女

陕西西安王家村出土三彩俑，中国历史博物馆藏。

此图中唐三彩釉陶坐俑妇女像，无披帛，裙上束至乳部，衣着图案清晰，是唐初妇女的典型服饰。

图4-11 《宫乐图》(局部)

佚名(唐)

全图纵 69.5 厘米,横 87 厘米。

台北故宫博物院藏。

此图中为一群浓妆妇女围坐案旁,饮茶奏曲作乐,周围有丫鬟侍奉的场面。图中妇女梳圆鬟垂鬓椎髻或戴花冠,着上襦下裙,肩披帛。其中有的裙可看出为缬染的花朵,为唐代代表性织物。从唐天宝时期以后,宫中贵妇衣着与官服便向阔大发展,便服也多向长大发展,实是官服转为常服的结果。

质地轻软，与可夹可絮的襦、袄等上衣有所区别，也是女子常服之一。从温庭筠的“舞衣无力风敛，藕丝秋色染”、元稹的“藕丝衫子藕丝裙”、张祜的“鸳鸯钿带抛何处，孔雀罗衫付阿谁”以及欧阳炯的“红袖女郎相引去”等诗句来看，唐代女子着衫非常普遍，而且喜欢红、浅红或淡赭、浅绿等色，并加“罗衫叶叶绣重重，金凤银鹅各一丛”的金银彩绣为饰。【图4-12至图4-15】

3. 裙

这是当时女子非常重视的下裳。制裙面料一般多为丝织品，但用料却有多少之别，通常以多幅为佳。裙腰上提的高度，有些可以掩胸，上身衣服里面仅着抹胸，外直披纱罗衫，可使上身肌肤隐隐显露。如周昉《簪花仕女图》以及周濆诗“惯束罗裙半露胸”（另有版本为“慢束”）等画、诗即似描绘这种装束，这是中国古代女装中最为大胆的一种，足以想见唐时思想开放的时代背景。其裙身之长，可见孟浩然之诗句：“坐时衣带萦纤草，行即裙裾扫落梅。”卢

图4-12　穿袒领、大袖衫、长裙的女子（陕西乾县出土墓门石刻局部）

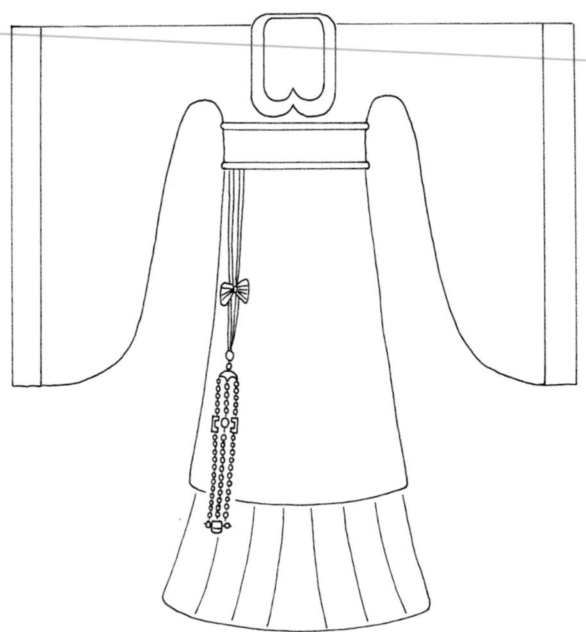

图 4-13　袒领、大袖衫示意图

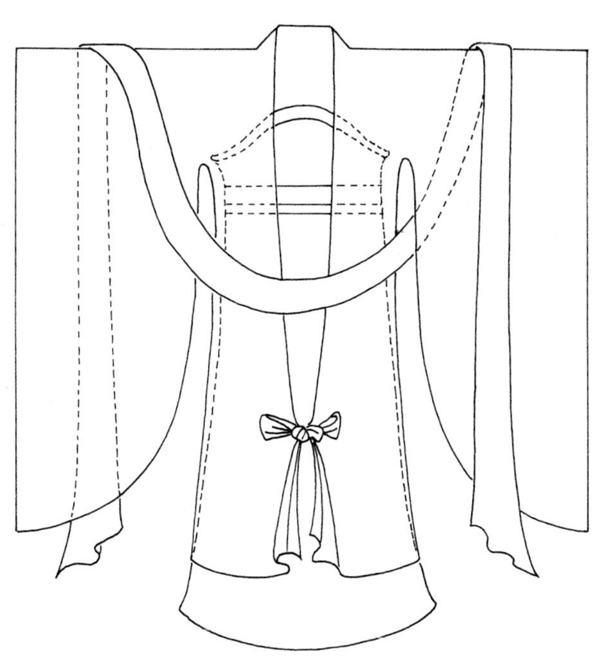

图 4-14　大袖纱罗衫、长裙、披帛示意图

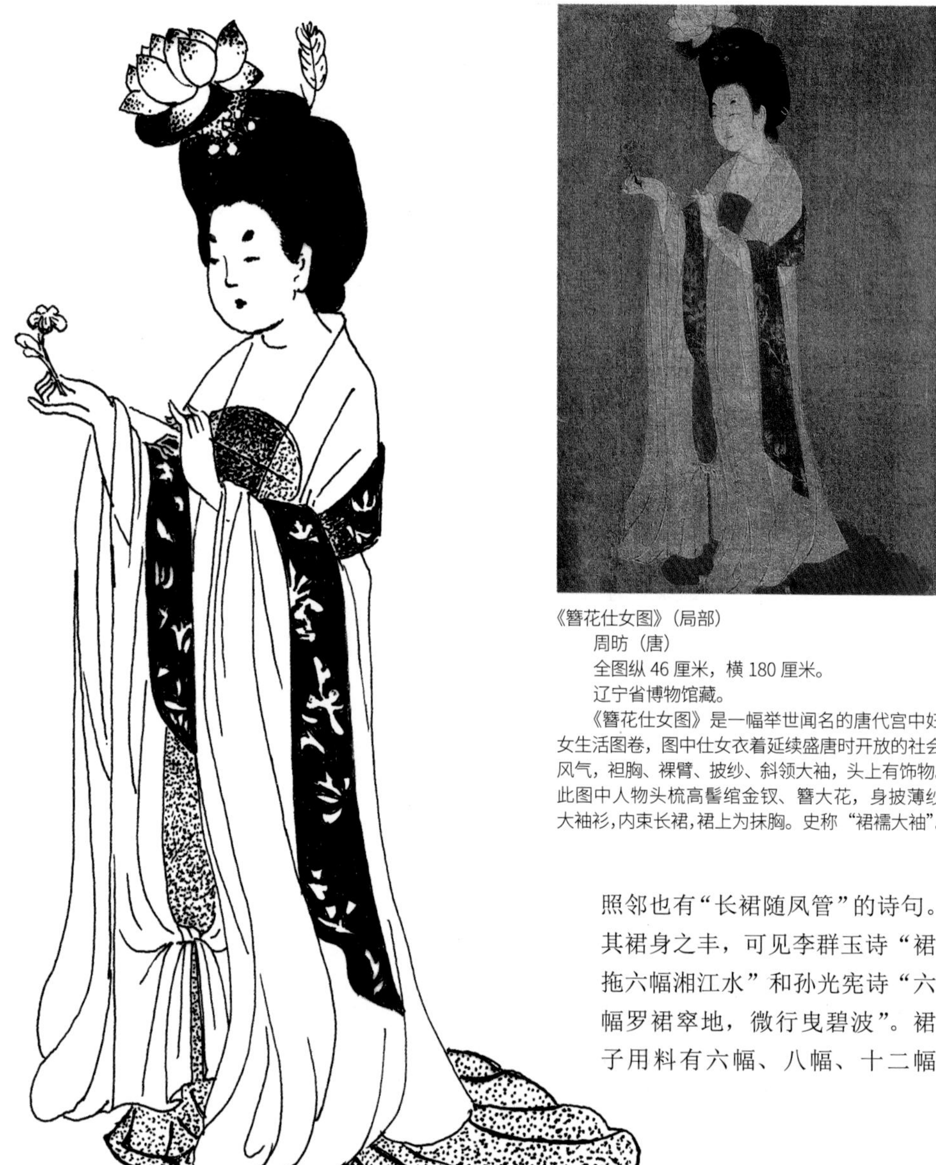

《簪花仕女图》（局部）

周昉（唐）

全图纵 46 厘米，横 180 厘米。

辽宁省博物馆藏。

《簪花仕女图》是一幅举世闻名的唐代宫中妇女生活图卷，图中仕女衣着延续盛唐时开放的社会风气，袒胸、裸臂、披纱、斜领大袖，头上有饰物。此图中人物头梳高髻绾金钗、簪大花，身披薄纱大袖衫，内束长裙，裙上为抹胸。史称“裙襦大袖”。

照邻也有“长裙随凤管”的诗句。其裙身之丰，可见李群玉诗“裙拖六幅湘江水”和孙光宪诗“六幅罗裙窣地，微行曳碧波”。裙子用料有六幅、八幅、十二幅

图 4-15　穿大袖纱罗衫、长袖、披帛的妇女（摹周昉《簪花仕女图》局部）

不等，裙料越多越显唐代女性丰腴之美，这是符合当年审美标准的。这可见孙啟诗："东邻起样裙腰阔，剩蹙黄金线几条。"武则天时还有将裙四角缀十二铃的，走起路来铃随步叮当作响。

裙色可以尽人所好，多为深红、杏黄、绛紫、月青、草绿等，其中似以石榴红裙流行时间最长,这可从李白的"移舟木兰棹，行酒石榴裙"、白居易的"眉欺杨柳叶，裙妒石榴花"、万楚的"眉黛夺得萱草色，红裙妒杀石榴花"等诗句中感受到。其流行范围之广，可见《燕京五月歌》中："石榴花发街欲焚，蟠枝屈朵皆崩云。千门万户买不尽,剩将儿女染红裙。"另外,《太平广记・萧颖士传》中记："一妇人着红衫、绿裙。"李商隐诗："折腰争舞郁金裙。"可见，另有众多间色裙等，表明裙色鲜艳，多中求异。唐中宗时安乐公主的百鸟裙，更是中国织绣史上的名作。其裙以百鸟毛织成，白昼看一色，灯光下看一色，正看一色，倒看一色，且能呈现出百鸟形态，可谓巧匠绝艺。一时富贵人家女子竞相效仿，以至"山林奇禽异兽，搜山荡谷，扫地无遗"。这充分显示出了古代时装的号召力也是相当惊人的。

4. 半臂与披帛

这是襦裙装中的重要组成部分。半臂似今短袖衫，因其袖子长度在裲裆与衣衫之间，故称其为半臂。披帛，当从狭而长的帔子演变而来。后来逐渐成为披之于双臂、舞之于前后的一种飘带了。这种古代仕女的典型饰物，起源于何时尚无定论，但至隋唐盛行当无疑，在留存至今的壁画与卷轴画中多处可见。【图 4-16 至图 4-19】

《舞伎图》

高 51.5 厘米，宽 44 厘米。

1972 年新疆吐鲁番阿斯塔那 220 号墓出土，新疆维吾尔自治区博物馆藏。

图中舞伎头梳椎形高髻，面贴花钿，上穿长及腰的橘红色花纹半臂，半臂对襟，腰部有带系结，内穿橘红色窄袖上襦，下穿大红色长裙，足登重台履。

图 4-16　穿半臂、襦裙的女子（陕西西安永泰公主墓石椁浅雕）

图 4-17　半 臂、 襦裙示意图

图 4-18　着半臂的贵族妇女画像（局部）

陕西乾县永泰公主墓中前室东壁画。

此图中人物均穿长裙，上罩半臂或半袖上衣，披帛结绶，脚穿昂头重台履。披帛一般使用薄质纱罗做成，呈长方形巾子状，用时多披搭于肩上，旋绕于手臂间。

图 4-19　穿襦裙、披帔子的女子（新疆吐鲁番张雄夫妇墓出土泥头木身俑）

高 30.5 厘米。

1973 年新疆吐鲁番阿斯塔那 206 号墓出土，新疆维吾尔自治区博物馆藏。

此泥塑女俑，头梳双高髻，面部妆容艳丽脱俗。双颊淡抹胭脂，朱唇，嘴角点丹，额描花钿。其上身穿对襟短襦，内穿绿色暗花长袖绮衣，下身着间条曳地长裙，裙腰以彩锦高系，肩披黄色花纹帔帛。另外，裙子还附有石绿色罗纱。

靥（yè）
①酒涡。②女子在面部点搽妆饰。

5. 发式与面靥

唐代女子发式多变，常见的有半翻、盘桓、惊鹄、抛家、椎、螺等近三十种，上面遍插金钗玉饰、鲜花和酷似真花的绢花，这些除在唐代仕女画中得以见到之外，实物确有金银首饰和绢花出土或传世。新疆阿斯塔那墓中出土的绢花，虽然不一定用于头上装饰，但其经千年仍光泽如新，鲜丽夺目，足以证明当时手工艺人的精湛技艺。温庭筠诗中“藕丝秋色浅，人胜参差剪。双鬓隔香红，玉钗头上风”之句即是描述当时女子头上装饰华美的形象。唐代妇女好面妆，奇特华贵，变幻无穷，唐以前和唐以后均未出现过如此盛况。如面部施粉，唇涂胭脂，见元稹“敷粉贵重重，施朱怜冉冉”、张祜“红铅拂脸细腰人”、罗虬“薄粉轻朱取次施”等诗句。观察古画或陶俑面妆样式，再读唐代文人的有关诗句，基本可得知当年面妆概况。如敷粉施朱之后，要在额头涂黄色月牙状饰面，卢照邻诗中有“纤纤初月上鸦黄”，虞世南诗中有“学画鸦黄半未成”等句。各种眉式流行周期很短，据说唐玄宗曾命画工画十眉图，有鸳鸯、小山、三峰、垂珠、月棱、分梢、涵烟、拂云、倒晕、五岳。从画中所见，眉式也确实大不相同，想必是拔去真眉，而完全以黛青画眉，以赶时兴。双眉之间，以金、银、羽翠制成的彩花子“花钿”是面妆中必不可少的，温庭筠诗“眉间翠钿深”及“翠钿金压脸”等句道出了其位置与颜色。另有流行一时的梅花妆，相传南朝宋武帝女儿寿阳公主行于含章殿下，额上误落梅花而拂之不能去，引起宫女喜爱与效仿。因而，被称为梅花妆或寿阳妆。太阳穴处以胭脂抹出两道，分在眉毛外侧，谓之“斜红”，传说源起于魏文帝曹丕妃薛夜来误撞水晶屏风所致。面颊两旁，以丹青朱砂点出圆点、月形、钱样、花朵或小鸟等，两个唇角外酒窝处也可用红色点上圆点，这些谓之妆靥。当然，这只是唐代妇女的一般面妆，另有别出心裁者，如《新唐书·五行志》记：“妇人为圆鬟椎髻，不设鬓饰，不施朱粉，惟以乌膏注唇，状似悲啼者。”诗人白居易也写道：“时世妆，时世妆，出自城中传四方。时世流行无远近，腮不施朱面无粉。乌膏注唇唇似泥，双眉画作八字低。妍媸黑白失本态，妆成尽似含悲啼。”诗人认为，这些出自追求怪异、贪图新奇的心理基础，使得不美“反为美”。以今人的眼光看，这种表现也从一个侧面反映出唐代妇女的妆饰曾达到登峰造极的地步，物极必反，又产生出这种反乎自然的面妆。据说妆成此式，连同堕马髻、弓身步、龋齿笑越发显出女子的纤弱之态，令人顿生怜爱之情。唐人穿着化妆都是讲究配套的。【图 4-20 至图 4-25】

①贴“花钿”、抹斜红、梳“望仙髻”的女子

②贴“花钿”、梳“螺髻”的女子

图 4-20　妇女面妆与发式（一）

①梳“云髻”的女子

②戴“花冠”的妇女

③饰“花梳”、画“八字眉”、贴“花钿”的妇女

④梳“蛮椎髻”（或堕马髻）、贴“花钿”的妇女

⑤梳“垂练式丫髻”的女子

图 4-21　妇女面妆与发式（二）

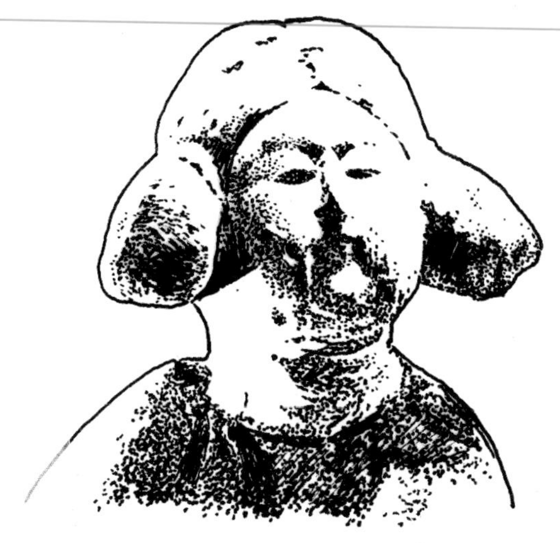

①梳“双垂髻”的女子

②贴“花钿”、绘“妆靥”、梳“乌蛮髻”的妇女

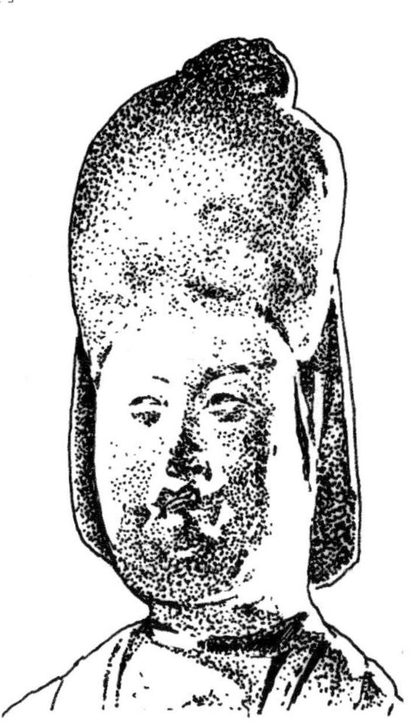

③梳“高髻”、佩巾的妇女

图 4-22　妇女面妆与发式（三）

①唐代饰翠钿的妇女

②五代饰翠钿的妇女

图 4-23　妇女面妆与发式（四）

图 4-24　五代散乐图着色石雕

纵 82 厘米，横 116 厘米，河北曲阳王处直墓壁画。

图中石雕人物均头梳高髻，样式各异，为五代时期妇女典型发式。

图 4-25　隋唐时期双鬟望仙髻

双鬟望仙髻在唐代已流行。这种发型的梳法是将头发分成两股，高耸于头顶或头之两侧，并用丝绦束缚成环形，再将发尾束于耳后的头发之内。这种发式外观醒目，有瞻然望仙之状，年轻妇女、未婚少女都喜用此发式。

6. 履

麻线编织圆头履，是与襦裙相配合的鞋子式样。因唐时虽开始崇尚小脚，但女子仍为天足，因此鞋式与男子无大差别，只是女子足服中多凤头高翘式履，履上织花或绣花。【图 4-26】

（二）男 装

女着男装，即女子全身效仿男子装束，成为唐代女子服饰的一大特点。《新唐书·五行志》载："高宗尝内宴，太平公主紫衫、玉带、皂罗折上巾，具纷砺七事，歌舞于帝前。帝与武后笑曰：'女子不可为武官，何为此装束？'"这里的"七事"，主要是指唐代武吏佩系在腰间的七种物件，如佩刀、磨刀石等。《新唐书·李石传》记："吾闻禁中有金鸟锦袍二，昔玄宗幸温泉与杨贵妃衣之。"由此得知，当时男女服装差异较小或是女子喜着男子服装。《旧唐书·舆服志》载："或有着丈夫衣服、靴、衫，而尊卑内外，斯一贯矣。"已明确记录下女着男装的情景，这种风气尤盛于开元天宝年间。《中华古今注》记："至天宝年中，士人之妻，着丈夫靴衫鞭帽，内外一体也。"形象资料可见于唐代仕女画家张萱的《虢国夫人游春图》与周昉《纨扇仕女图》等古代画迹之中。女子着男装，于秀美俏丽之中，别具一种潇洒英俊的风度。同时也说明，唐代对妇女的束缚明显少于其他封建王朝。儒家规定"男女不通衣裳"，唐代则是个例外。【图 4-27 至图 4-30】

图 4-26 蒲草鞋（新疆吐鲁番出土实物）

图 4-27　穿男装的女子（摹张萱《虢国夫人游春图》局部）

《虢国夫人游春图》（宋摹本，局部）

张萱（唐）

全图纵 51.8 厘米，横 184 厘米。

辽宁省博物馆藏。

图中着白衣骑马的男子有可能是女扮男装的虢国夫人。由干盛唐世风开放，女性地位较高，杨家姐妹更是备受尊敬。这种女扮男装的审美或许只有在唐代才流行。

《纨扇仕女图》（宋摹本，局部）

周昉（唐）

全图纵 33.7 厘米，横 204.8 厘米。

故宫博物院藏。

图 4-28　穿男装的女子（摹周昉《纨扇仕女图》局部）

图 4-29　穿男装的女子（敦煌莫高窟壁画局部）

图 4-30　穿男装的女子（敦煌莫高窟第 5 窟壁画局部）

（三）胡　服

初唐到盛唐间，北方游牧民族匈奴、契丹、回鹘等与中原交往甚多，加之丝绸之路上自汉至唐的骆驼商队络绎不绝，对唐代人影响极大。随胡人而来的文化，又以胡服最明显，这种包含古印度、波斯等很多民族成分在内的一种装束，使唐代妇女耳目一新。于是，一阵狂风般的胡服热席卷中原诸城，其中尤以首都长安及洛阳等地为盛，其饰品也最具异邦色彩。此情此景见元稹诗："自从胡骑起烟尘，毛毳腥膻满咸洛。女为胡妇学胡妆，伎进胡音务胡乐。……胡音胡骑与胡妆，五十年来竞纷泊。"【图 4-31】唐玄宗时酷爱胡舞胡乐，杨贵妃、安禄山均为胡舞能手，白居易《长

图 4-31　戴孔雀冠、穿圆领窄袖长袍、脚蹬皮靴的女子（1991 年陕西省西安市东郊唐墓出土）

恨歌》中的“霓裳羽衣曲”就是胡乐中的一种。另有浑脱舞、柘枝舞、胡旋舞等对汉族音乐、舞蹈、服装等都有较大影响。时人所记“臣妾人人学团转”的激动人心场面也是可以想象到的。【图4-32、图4-33】从姚汝能《安禄山事迹》记“天宝初，贵游士庶好衣胡帽，妇人则簪步摇，衣服之制度衿袖窄小”中，可一窥当年的服装风格。关于女子着胡服的形象可见于唐墓石刻线画以及壁画等古迹。比较典型的装束，即为头戴浑脱帽，身着窄袖紧身翻领长袍，下着长裤，足蹬高靿革靴。【图4-34、图4-35】

浑脱帽是胡服中首服的主要形式。最初是游牧之家杀小牛，自脊上开一孔，去其骨肉，再以皮充气，称其为皮馄饨。至唐人戴用时，已用较厚的锦缎或乌羊毛制成，帽顶呈尖形，如“织成蕃帽虚顶尖”“红汗交流珠帽偏”等诗句，描写的就是这种帽子。纵观唐代女子首服，在浑脱帽流行之前，曾经有一段改革的过程，初行幂篱，即宛如大头巾，从头一直披到脚。【图4-36】复行帷帽，就是帽檐垂下一圈薄纱。【图4-37】再行胡帽。唐代女子不戴巾帽而露髻驰骋的形象也留下许多。

以上所说的三种配套装束，

图4-32　穿舞衣的女子（三彩俑　选自台北《故宫文物月刊》）

鞢𩍐（dié xiè）

西北民族束腰革带，上饰多环，可挂物。

图 4-33　穿舞衣的女子（河南洛阳出土彩绘陶俑）

图 4-34　穿翻领窄袖胡服、戴浑脱帽、佩鞢𩍐带的女子（陕西西安出土石刻局部）

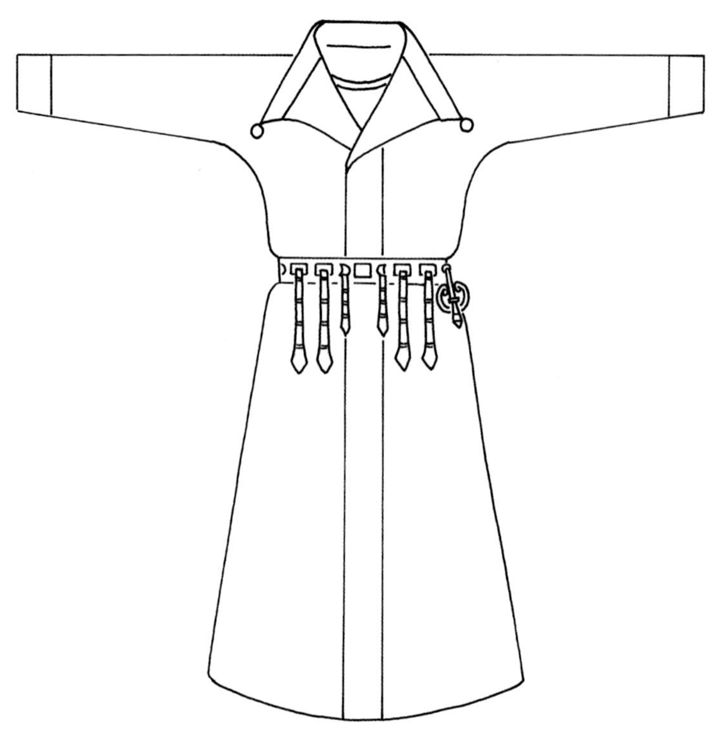

图 4-35　翻领窄袖胡服和佩鞢躞带示意图

只是唐代女子着装中最为典型的样式，实际上还有很多种服装和特色装束。

五代时期的女服，在晚唐宽衣大袖基础上愈显秀丽精致、纤细合体。较之唐女披帛越发加长变窄，有的长至三四米，从而形成一条飘带。裙腰已基本落至腰间，裙带也讲求狭长，系好后剩余的一段垂于裙侧。唐代李端《胡腾儿》诗中即有“桐布轻衫前后卷，葡萄长带一边垂”之句，南唐画家顾闳中《韩熙载夜宴图》中更可见到众多女子着装风格。简单来概括，即盛唐之雍容丰腴之风，至五代已被秀润玲珑之气所取代。【图 4-38】

唐代服装之所以绚丽多彩，有诸多因素，首先是在隋代奠定了基础。隋王朝统治年代虽短，但丝织业有长足的进步。从文献记隋炀帝“盛冠服以饰其奸”中可见，他不仅使臣下嫔妃着华丽衣冠，甚至连出游途经运

图 4-36　披长巾（与文字记载的幂篱形似）的女子（选自《朝鲜服饰·李朝时代之服饰图鉴》）

河时大船纤绳均传为丝绸所制，两岸树木以绿丝带饰其干，以彩丝绸扎其花，这足以见当时丝绸产量惊人。至唐代，丝织品产地已遍及全国，无论产量、质量均为前代人所不敢想象，连西晋时以斗富驰名于世的石崇、王恺也只会相形见绌，从而为唐代服装的新颖富丽提供了坚实的物质基础。再加上唐时中国与世界各国各民族人民广泛交往，

①三彩骑马俑局部

②新疆吐鲁番阿斯塔那出土彩绘陶俑

图 4-37　戴帷帽的女子

左图为唐代仕女骑马出游的装扮。仕女头梳高髻，上身着圆领半臂，内着小袖襦，下身为长裙。仕女头上所戴的帷帽是研究唐代服饰极为重要的参考资料。

图中艺伎服饰瘦长，裙束得较低。裙带、披帛窄长。头饰为唐宋之间的演变形式。

图 4-38　穿襦裙、佩披帛的女子（摹顾闳中《韩熙载夜宴图》局部）

《韩熙载夜宴图》（局部）
顾闳中（五代）
全图纵 28.7 厘米，横 335.5 厘米。
故宫博物院藏。

对各国文化采取广收博采的态度，使之与本国服装融会贯通，因而更推出无数新奇美妙的冠服。【图 4-39、图 4-40】唐代服装，特别是女子装束，不光为当时人所崇尚，甚至于今日人们观

《回鹘曹夫李氏供养人像》(张大千临)

此图中人物头戴桃形镂花金冠，两侧簪有垂饰的金衩。身着紧袖口翻领长袍，足蹬翘头履。领及袖口镶有凤纹的锦。

图 4-39　穿回鹘装、梳回鹘髻的妇女（甘肃瓜州榆林窟壁画局部）

图 4–40　穿半臂、襦裙的进藏公主（约 7 世纪塑文成公主像　现存布达拉宫）

赏唐代服装，仍然会兴奋异常，而且感到由衷的自豪。这里没有矫揉造作之态，也没有扭捏矜持之姿，展现在人们面前的是充满朝气、令人振奋又使人心醉的服饰形象。其色彩也非浓艳不取，各种鲜丽的颜色争相媲美，不甘疏落寂寞，再加上杂之以金银，愈加炫人眼目。其装饰图案无不鸟兽成双，花团锦簇，祥光四射，生趣盎然，真可谓一派大唐盛景。

另外还有一点需要提及的，即是相传五代时南唐李后主一嫔妃名窅娘，传说她以帛绕足，令足纤小做新月状，曾舞于莲花之上。时人有《金陵步》诗："金陵佳丽不虚传，浦浦荷花水上仙，未会民间同乐意，却于宫里看金莲。"一时，人们纷纷效仿，结果导致了始于五代、延至民国的妇女缠足陋习风行千年，并因此影响了鞋履样式，进而影响到妇女体态乃至思想。

韝（gōu）
臂套，用以束衣袖以便动作。

三、战时戎装

纵观戎装的演变，其风格质量绝不是孤立存在的，很显然是与一个时期的民服同步发展的。中国戎装的形制，在秦汉时已经成熟，经魏晋南北朝连年战火的熔炼，至唐代时更加完备。如铠甲,《唐六典》载:"甲之制十有三,一曰明光甲，二曰光要甲，三曰细鳞甲，四曰山文甲，五曰乌锤甲，六曰白布甲，七曰皁绢甲，八曰布背甲，九曰步兵甲，十曰皮甲，十有一曰木甲，十有二曰锁子甲，十有三曰马甲。"又记："今明光、光要、细鳞、山文、乌锤、锁子皆铁甲也。皮甲以犀兕为之，其余皆因所用物名焉。"由此看来，唐时铠甲以铁质最多，其他所谓犀兕制者，应该是以水牛皮为主。另有铜质、铜铁合金质、布、木甲等。从历史留存军服形象来看，其中明光铠最具艺术特色。这种铠甲在前胸乳部各安一个圆护，有些在腹部再加一个较大的圆护，甲片叠压，光泽耀人，确实可以振军威、鼓士气。戎装形制大多左右对称，方圆对比，大小配合，因此十分协调，并突出了戎装的整体感。铠甲里面要衬战袍，将士出征时头戴金属头盔谓之"兜鍪"，肩上加"披膊"，臂间戴"臂韝"，下身左右各垂"甲裳"，胫间有"吊腿"，脚蹬革靴。铠甲不仅要求款式符合实战需要，而且色彩也要体现出军队的威力与勇往直前的精神。《册府元龟》载："唐太宗十九年遣使于百济国中，采取金漆用涂铁甲，皆黄、紫引耀，色迈兼金。又以五彩之色，甲色鲜艳。"另外，《新唐书·李绩传》记："秦王为上将，绩为下将，皆服金甲。"《唐书·礼乐志》记："帝将伐高丽，披银甲。"看似以彩漆在皮甲或金属甲上髹饰，抑或也有以金银鎏之于铜铁之外的可能。内衬战袍是根据军官级别的高低分别绣上各种凶禽猛兽。唐代戎装也是相当漂亮的，造型富有艺术性，再加上精美的纹样、上等的质地，完全统一在唐代灿烂服装的总体风格之中。【图 4-41 至图 4-45】

图 4-41　铠甲示意图

图 4-43　穿明光铠的武士（陕西西安大雁塔门框石刻局部）

图 4-42　穿铠甲的武士（三彩陶俑选自台北《故宫文物月刊》）

图 4-44　戴兜鍪，穿铠甲，佩披膊，扎臂鞲，垂甲裳、吊腿、战袍，蹬革靴的武士（甘肃敦煌莫高窟彩塑）

此塑像为盛唐时期武士装扮。人物身着有精美图案的铠甲，铠甲内有锦袍，铠甲以革带或皮绳束扎。

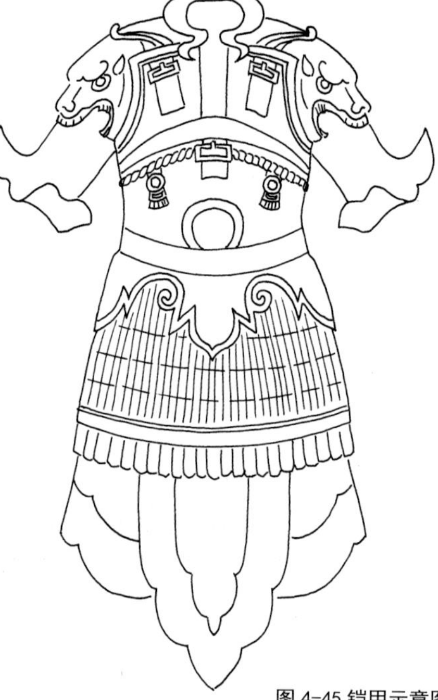

图 4-45 铠甲示意图

第五章

端庄豪放——宋辽金元服装

辽：公元916—1125年
北宋：公元960—1127年
南宋：公元1127—1279年
西夏：公元1038—1227年
金：公元1115—1234年
元：公元1206—1368年

公元960年，后周禁军赵匡胤发动“陈桥兵变”，夺取后周政权，建立宋王朝，基本上完成了中原和南方的统一，定都汴京（今河南开封），史称北宋。当时，在中国北部地区尚有契丹族建立的大辽、党项族建立的西夏等几个少数民族政权。公元1127年，东北地区的女真族建立的金，利用宋王朝内部危机，攻入汴京，掳走北宋徽、钦二帝。钦宗之弟康王赵构南越长江，在临安（今浙江杭州）登基称帝，史称南宋。自此，中国又形成了南北宋金对峙的局面。正当中原地区宋金纷争不已之时，北方蒙古族开始崛起于漠北高原，成吉思汗统一蒙古各部，并开始东征和统一全国的活动。成吉思汗及后辈先后灭西辽、高昌、西夏、金、大理、吐蕃等少数民族政权，进而灭南宋，统一全国。忽必烈继位，国号为元。自宋起至元末共经历四百余年。

这一期间各方面发展极不平衡，北宋工商经济异军突起，农业与手工业发展迅猛，汴梁出现繁华景象。南宋虽苟延残喘，但由于占据江南鱼米之乡，也有偏安王朝的文化与经济盛况。但总体来看政治形势远不及唐代巩固、稳定。可是，在对外贸易上，宋元较之唐代为盛，特别是开辟了“海上丝绸之路”。其中主要贸易国以阿拉伯、波斯、日本、朝鲜、印度等国为主。宋人以金、银、铜、铅、锡、杂色丝绸和瓷器等，换取外商的香料、药物、犀角、象牙、珊瑚、珠宝、玳瑁、玛瑙、水精（晶）、蕃布等商品，对中国服装及日用习尚等产生了重要影响。

一、汉族官服与民服

（一）男子服装

1. 襕衫

两宋时期的男子常服以襕衫为风尚。所谓襕衫，即是无袖头的长衫，上为圆领或交领，下摆一横襕，以示上衣下裳之旧制。襕衫在唐代已被采用，至宋代最为盛兴，被燕居仕者、告老还乡者或低级吏人广泛服用。一般情况下，常用细布，颜色用白，腰间束带。也有不施横襕者，谓之直身或直裰，居家时穿用，取其舒适、轻便。【图 5-1、图 5-2】

图 5-1　穿襕衫的男子（摹梁楷《八高僧故事图》局部）

图 5-2　大袖圆领襕衫示意图

2. 幞头

幞头作为宋人首服，应用广泛。不过唐人常用的首服幞头至宋已发展为各式硬脚，其中直脚为某些官职朝服，其脚长度时有所变。《幕府燕闲录》载："五代帝王多裹朝天幞头，二脚上翘。四方僭位之主，各创新样，或翘上而反折于下，或如团扇、蕉叶之状，合抱于前。伪孟蜀始以漆纱为之。湖南马希范二脚左右很长，谓之龙角，人或触之，则终日头痛。至汉祖始仕晋为并州衙校，裹幞头两脚左右长尺余，横直之不复翘，今不改其制。"两边直脚很长，是宋代首服的典型特点，有"防上朝站班交头接耳"之说，不一定可信，但我们可以将它作为一种式样用来辨认宋代服饰形象。另有交脚、曲脚，为仆从、公差或卑贱者服用。高脚、卷脚、银叶弓脚、一脚朝天一脚卷曲等式幞头，多用于仪卫及歌乐杂职。还有取鲜艳颜色加金丝线的幞头，多用于喜庆场合如婚礼时戴用。南宋时即有婚前三日，女家向男家赠紫花幞头的习俗。【图 5-3、图 5-4】

《宋太祖像》

佚名（宋）

纵 191 厘米，横 169.7 厘米。

台北故宫博物院藏。

图中为身着公服、头戴直脚幞头、腰束革带的宋太祖像。

图 5-3 戴直脚幞头、穿圆领裥衫的皇帝（摹南薰殿旧藏之一《宋太祖像》）

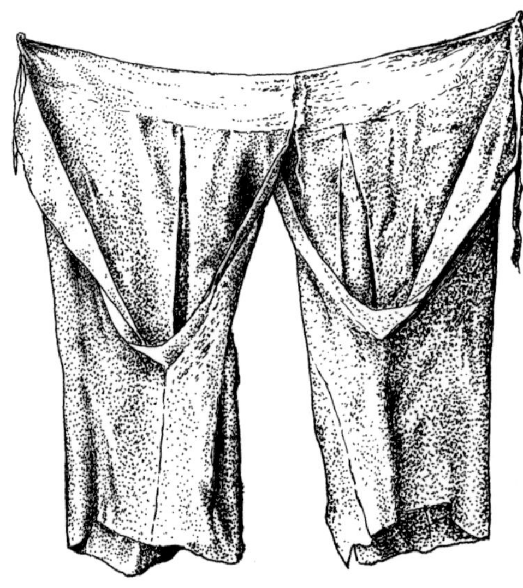

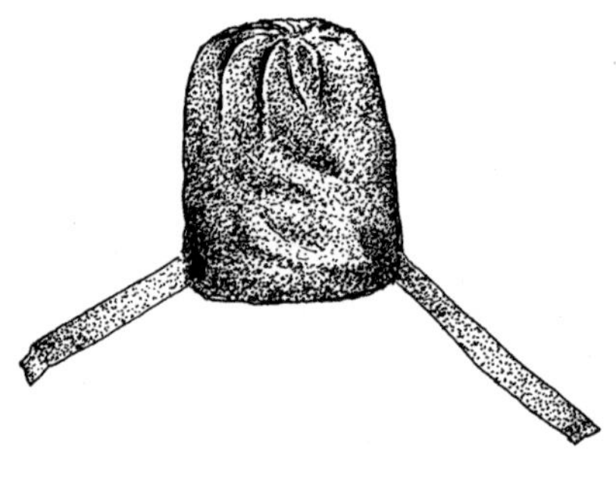

图 5-4 古裤与漆纱幞头（江苏金坛周瑀墓出土实物）

3. 幅巾

在宋时重新流行。当官员幞头逐渐演变成帽子时，庶人已不多戴，一般文人、儒生以裹巾为雅，因可随意裹成各种式样，于是形成了以人物、景物等命名的各种幅巾。如筒高檐短的“东坡巾”,还有“程子巾”“逍遥巾”“高士巾”和“山谷巾”等。【图 5-5】

4. 朝服

宋代官员朝服式样基本沿袭汉唐之制，只是颈间多戴方心曲领。这种方心曲领上圆下方，形似璎珞锁片。源于唐，盛于宋而延至明，在明代王圻《三才图会》中有图示，后面应为长长的丝绦。至于袍服颜色，黄色仍为皇帝专用服色，宋代开国皇帝赵匡胤在陈桥驿发动兵变时即是黄袍加身而称帝的。下属臣官，三品以上多为紫色，五品以上多为朱色，七品以上多为绿色，九品以上多为偏蓝的青色。宋代上朝时多佩戴显示等级的鱼袋。鱼袋即唐代时作为出入宫廷的证件鱼符，起始于秦代传达命令时从中剖成两半的虎符。带钩仍应用广泛，其

图 5-5　以幅巾束发的男子（摹南薰殿旧藏之一《岳飞像》）

《岳飞像》

南薰殿历代名臣像之一。

台北故宫博物院藏。

此图中画岳飞头裹幅巾。宋以裹巾为雅，武将也呈儒将风范。

中不乏精致之品。【图 5-6 至图 5-8】

需要单独说明的是，依宋代制度，每年必按品级分送“臣僚袄子锦”。“锦”共计七等，如翠毛、宜男、云雁细锦、狮子、练雀、宝照大花锦、宝照中等花锦，另有毬路、柿红龟背、锁子诸锦，皇帝给所有高级官吏赐赠，各有一定花纹。这些锦缎中的动物图案继承武则天所赐百官纹绣，但较之更为具体，为明代补子图案确定了较为详细的种类与范围。

劳动人民服式多样，但大都短衣、紧腿、缚鞋、褐布，以便于劳作。因宋代城镇经济发达，其工商各行均有特定服装，素称百工百衣。孟元老《东京梦华录》记：“有小儿子着白虔布衫，青花手巾，挟白磁缸子卖辣菜……其士、农、商诸行百户衣装，各有本色，不敢越外。香铺裹香人，即顶帽，披背。质库掌事，即着皂衫角带，不顶帽之类，街市行人便认得是何色目。”张择端在《清明上河图》中，绘数百名各行各业人士，服式各异，百态纷

图 5-6　方心曲领、蔽膝朝服示意图

图 5-7　饰方心曲领、穿朝服、戴通天冠、佩蔽膝的皇帝（摹南薰殿旧藏之一《历代帝王像》）

图 5-8 玉带钩（现藏台北故宫博物院）

呈。另有僧侣服、衙役服、戎装等。【图 5-9】

金坛南宋周瑀墓内出土三十余件男式衣裳，是难得的形象资料，如围裳、开裆夹裤、圆领单衫和漆纱幞头等，正好与文字和绘画资料相印证。

（二）女子服装

宋代妇女服装，一般有襦、袄、衫、褙子、半臂、背心、抹胸、裹肚、裙、裤等，其中以褙子最具特色，是宋代男女皆穿、尤盛行于女服之中的一种服式。

1. 褙子

以直领对襟为主，前襟不施袢纽，袖有宽窄二式，衣长有齐膝、膝上、过膝、齐裙至足踝几种，长度不一。在左右腋下开以长衩，好像受辽服影响，也有不开侧衩的。宋时，上至皇后贵妃，下至奴婢侍从、优伶乐人及燕居男子都喜欢穿用，这种衣服随身合体又典雅大方。【图 5-10 至图 5-12】

2. 襦

短襦之式最迟在战国时已出现，多系在裙腰之内。这一时期

图 5-9 穿短衣的劳动者（摹张择端《清明上河图》局部）

《清明上河图》（局部）

张择端（北宋）

全图纵 24.6 厘米，横 528.7 厘米．

故宫博物院藏。

《清明上河图》真实地描绘了北宋宣和年间汴河及其两岸在清明时节的风景。此局部图中街道纵横交错，商家林立，士、农、工、商等各行各业人士应有尽有，可一窥宋朝百姓的服饰面貌。

图 5-10　穿褙子的妇女（摹陈清波《瑶台步月图》局部）

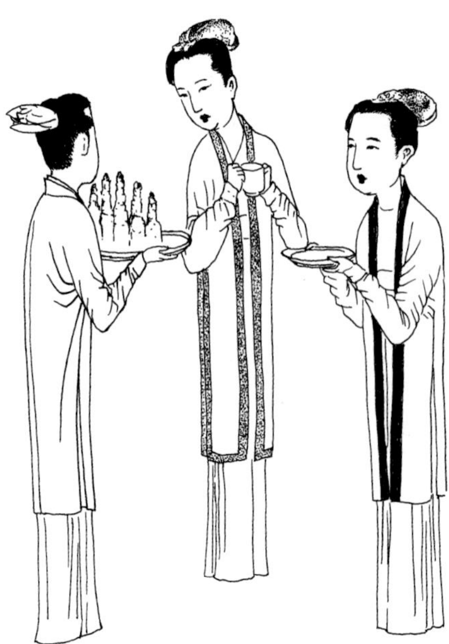

《瑶台步月图》（局部）

陈清波（宋）

全图纵 24.2 厘米，横 25.8 厘米。

故宫博物院藏。

图中人物头梳高髻，身着直襟、窄袖、长及膝的褙子。褙子在宋代男女均服用。宋代妇女的褙子一般为直领式，有大袖式，也有小袖式。

此图中妇女头戴高花冠（孝冠）、身穿对襟旋袄，描绘的是正在梳妆中的宗室地主家属。

图 5-11　穿褙子与衫袄的女子（河南禹县白沙宋墓出土壁画局部）

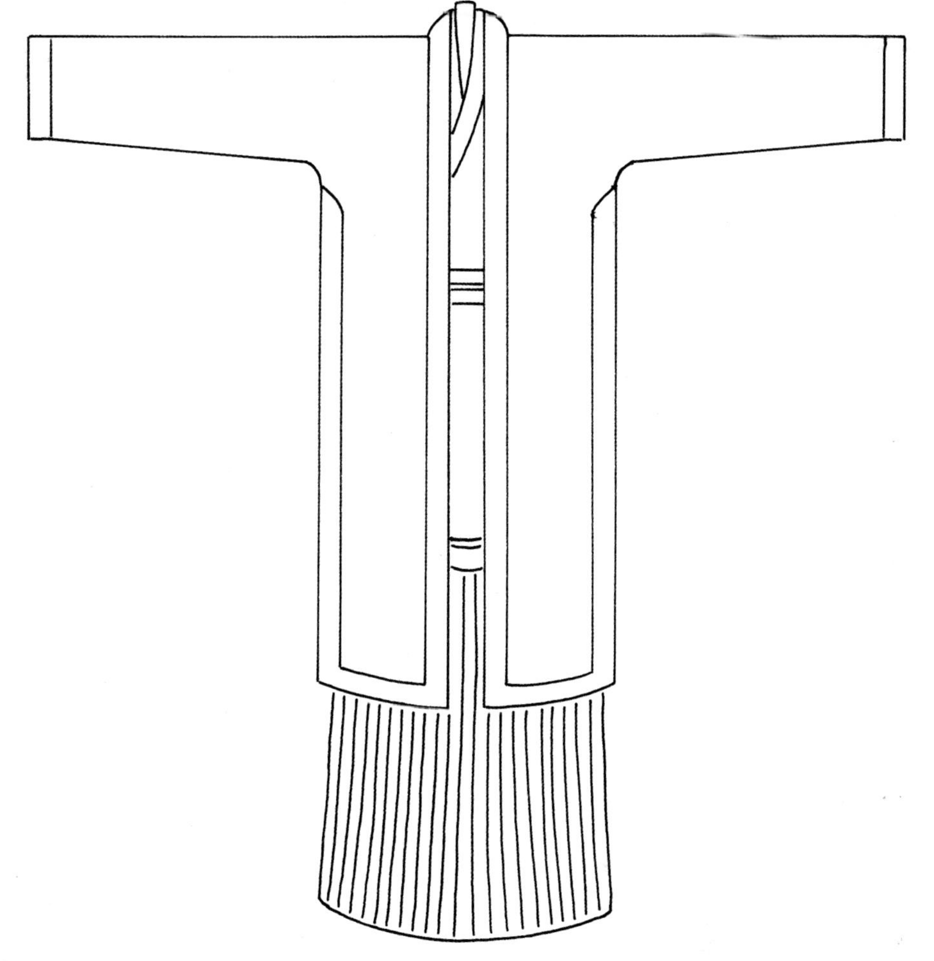

图 5-12　褙子示意图

有由内转外的趋势，犹如今日朝鲜族所穿短襦，不系裙腰之中。【图 5-13 至图 5-15】

3. 袄

为日常服用衣式，大多内加棉絮或衬以里子，比襦长，且腰袖宽松。

4. 衫

衫为单层，以夏季穿着为主，袖口敞式，长度不一，一般用纱罗制成。宋诗中“薄罗衫子薄罗裙”“藕丝衫未成”“轻衫罩体香

图 5-13　穿襦裙和大襟半臂、披帛、梳朝天髻的女子（山西太原晋祠圣母殿彩塑之一）

图 5-14　穿襦裙和大襟半臂、披帛、梳朝天髻的女子（山西太原晋祠圣母殿彩塑之二）

图 5-13 和图 5-14 中塑像是女侍。均头梳高髻，簪花钿珠饰，身着上襦，下束长裙，肩披帛，腰间结“玉环绶”。此样式是宋代妇女典型的装扮。

图 5-15　襦裙、大襟半臂、披帛示意图

罗碧”等诗句形象地描绘出衫的轻盈与舒适。

5. 半臂

原为武士服，因袖短而称之为半臂。唐代女子喜欢穿着，宋代男子多穿在衣内，女子则套在衣外。

6. 背心

特色在于无袖，即基本同于魏晋时裲裆。连同半臂、褙子等均为通对襟，这里区别为半臂加长袖可成褙子，半臂去袖则为背心，与某些裲裆肩处加袢有所不同。

7. 抹胸与裹肚

主要为女子内衣。二者相比较，抹胸略短，好似今日乳罩；裹肚略长，像农村儿童所穿兜兜。因众书记载中说法不一，如古书中写为“袜胸”，而且有抹胸外服之说，因此很难确定具体式样，只是这两种服式都是仅有前片而无完整后片。以《格致镜原·引古月侍野谈》中记“粉红抹胸，真红罗裹肚”之言，当是颜色十分鲜艳的内衣。

8. 裙

裙是妇女常服下裳。宋代在保持晚唐五代遗风的基础上，时兴“千褶”“百迭”裙，形成宋代特点。裙式一般修长，裙腰自腋下降至腰间的服式已很普遍。腰间系以绸带，并佩有绶环垂下。“裙边微露双鸳并”“绣罗裙上双鸳带”等都是形容裙长与腰带细长的诗句。裙式讲“百迭”者，用料多幅，中施细裥，诗中形容“裙儿细裥如眉皱”。裙色一般比上衣鲜艳，其中“淡黄衫子郁金裙”“碧染罗裙湘水浅”“草色连天绿色裙”“揉蓝衫子杏黄裙”等诗句都写出了绚丽多彩的裙色。从“主人白发青裙袂”和“青裙田舍归”等诗句中又可看出，老年妇女或农村劳动妇女多穿深色素裙。宋女裙料多以纱罗为主，有些在裙上再绣绘图案或缀以珠玉，“珠裙褶褶轻垂地”描写的就是这种装饰。裙式中还有在裙两边前后开衩的“旋裙”，因便于乘骑，初流行于京都妓女之中，后影响至士庶间。“旋裙”后发展为前后相掩以带束系的拖地长裙，名曰“赶上裙”。

9. 裤

汉族古裤无裆，因而男女都要在外着裙或袍，裙长多及足。劳动妇女有单着合裆裤而不加穿裙子的，称为裤。宋代风俗画家王居正曾画《纺车图》，图中怀抱婴儿坐在纺车之前的少妇与撑线老妇，都穿着束口长裤。所不同的是，老妇裤外有裙，或许是因为劳动时需要便利，因此将长裙卷至腰间。这种着装方式在非劳动阶层妇女中基本没有。除此之外，宋女还有膝裤与袜子，“一钩罗袜素蟾弓”不仅示出袜料，而且表明了宋代女子的缠足之习，《两宋名画》中杂剧人物也留下缠足形象。鞋子讲究红色鞋帮上绣花，且作凤头形的式样。劳动妇女多数着草鞋等平头、圆头鞋，天足，以便于耕作等重体力劳动。【图 5-16】

10. 盖头巾

方五尺左右，为女子出门时遮面，以皂罗制成。后以红色纱罗蒙面，作为成婚之日新娘的必

《纺车图》（局部）
王居正（北宋）
全图纵 26.1 厘米，横 69.2 厘米。
故宫博物院藏。

《纺车图》是一幅反映乡村民间生活题材的作品。此图中为一老妇双手持线，她的目光集中于细细的丝线上。老妇头挽双髻，着短襦、长裤，足蹬布鞋，为北宋时期乡间妇女常见服饰。

图 5-16　卷起裙子、穿长裤劳动的妇女（摹王居正《纺车图》局部）

此图为南薰殿旧藏《历代帝后像》中《宋仁宗皇后像》局部，是头戴珠翠花冠样式的宫女像。

备装扮，这种习俗一直延续到近代。

11. 花冠与佩饰

花冠初见于唐，因采用绢花，即可把桃、杏、荷、菊、梅合插一冠上，谓之“一年景”，男女均可戴。周密《武林旧事》记正月元日祝寿册室，有诗戏曰：“春色何须羯鼓催，君王元日领春回。牡丹芍药蔷薇朵，都向千官帽上开。”《东京梦华录》中记“公主出降，有宫嫔数十，皆真珠钗插、吊朵、玲珑簇罗头面”，《梦粱录》中记“飞鸾走凤七宝珠翠首饰花朵”“白角长梳，侧面而入”的头饰都是具有宋代特色的饰品。【图 5-17、图 5-18】

当时官宦贵妇服饰上常有应景的花纹，邵伯温《河南邵氏闻见录》记：“张贵妃又尝侍上元宴于端门，服所谓灯笼锦

图 5-17　戴花冠的女子（摹南薰殿旧藏《历代帝后像》局部）

图 5-18　梳朝天髻并簪花的女子（山西太原晋祠圣母殿彩塑之一）

者。”上元灯节时服灯笼锦，其他四时节日也穿着与之相配的衣服与饰品。陆游在《老学庵笔记》中写道：“靖康初，京师织帛及妇人首饰衣服，皆备四时。如节物则春幡、灯球、竞渡、艾虎、云月之类……”女词家李清照曾写：“中州盛日，闺门多暇，记得偏重三五。铺翠冠儿，捻金雪柳，簇带争济楚。”辛弃疾在《青玉案·元夕》中也写道：“蛾儿雪柳黄金缕，笑语盈盈暗香去。”均在写景之中同时描绘出了宋代年节之日的应时饰品。当时，妇女仍饰面妆，但其程度远不及唐，只是如欧阳修词“清晨帘幕卷轻霜，呵手试梅妆”，或《宋徽宗宫词》“宫人思学寿阳妆”等。至于女式衣裳、衣料、被褥在内的实物资料，福州南宋黄昇墓内三百余件遗物最有参考价值。

髡（kūn）
剃去头发。

二、契丹、女真、蒙古族服装

（一）辽——契丹族服装

契丹族是生活在中国辽河和滦河上游的少数民族，从南北朝到隋唐时期，契丹族还处于氏族社会，过着游牧和渔猎生活。五代初，由于汉族人避乱涌入边区，加之采取一系列积极措施，使其很快强大起来。公元916年，阿保机在临潢府（今内蒙古赤峰市巴林左旗附近）自立皇帝，定国号为“辽”。1125年，契丹族的大辽被女真族所灭。

契丹族服装一般为长袍左衽，圆领窄袖，下穿裤，裤管放靴筒之内。女子在袍内着裙，也穿长筒皮靴。因为辽地寒冷，袍料大多为兽皮，如貂皮、羊皮、狐皮等，其中以银貂裘衣最贵，多为辽贵族所服。

男子有髡发的习俗。女子不同年龄有不同发式，少时髡发，出嫁前留发，嫁后梳髻。除高髻、双髻、螺髻之外，还有少数披发，额间以带系扎。按辽俗，女子喜爱以黄色涂面，如宋时彭如砺诗中所描写“有女夭夭称细娘，真珠络髻面涂黄”。【图5-19至图5-21】

1986年7月，内蒙古通辽哲里木盟奈曼旗青龙山镇辽陈国公主和驸马合葬墓中，有单股银丝编织的衣服和手套、鎏金银冠、琥珀鱼形舟耳饰、项链、垂挂动物形饰物的腰带等被发现，做工精致程度令世人震惊。【图5-22至图5-27】

图 5-19　契丹人服饰形象一（摹胡瓌《卓歇图》局部）

《卓歇图》（局部）
胡瓌（五代）。
故宫博物院藏。
画中的人物发式和服饰，发展成表现北方少数民族人物形象的定式。

图 5-20　契丹人服饰形象二（摹胡瓌《卓歇图》局部）

图 5-21　髡发的男子（传宋人《还猎图》局部）

图 5-22　银丝头网金面具（辽陈国公主墓出土实物）

图 5-23　高翅鎏金银冠（辽陈国公主墓出土实物）

图5-24　辽代龙、凤、鱼形玉佩

内蒙古奈曼旗陈国公主墓出土，内蒙古博物院藏。

此玉佩为白玉质，略呈长方形，雕镂绶带纹。均为圆雕，有摩羯形、荷叶双鱼形、双凤形、双龙形和莲花卧鱼形。雕琢精细，体现了辽代高超的玉器制作水平。

图5-25　辽代镂花金香囊

内蒙古奈曼旗陈国公主墓出土，内蒙古博物院藏。

此香囊由镂花薄金片制成，呈扁桃形。包身前后用形制大小相同的扁桃形镂花金片以细金线缀合而成，包面镂刻有缠枝忍冬纹。

图5-26　辽代花鸟纹罗地纨扇

内蒙古奈曼旗陈国公主墓出土，内蒙古博物院藏。

此纨扇呈椭圆形，竹框，竹柄贯穿扇的中央。扇面为罗地，上绘太湖石、枝叶花草，树枝上用泥金绘两只相向而立的鸟，鸟头有冠，长毛。扇面上部有两只飞翔的蝴蝶。这种形式的纨扇多出现于辽代墓壁画中。

图 5-27　辽代錾花鎏金银靴

内蒙古奈曼旗陈国公主墓出土，内蒙古博物院藏。

此靴由细银线缝缀，靴子两侧各錾两只金飞凤，展翅向上飞翔，四周饰变形云纹。靴面左右两侧各錾一只长尾凤，周围饰卷云纹。

（二）金——女真族服装

女真族是我国东北地区历史悠久的少数民族之一，生活在黑龙江、松花江流域和长白山一带，一直到隋唐时期，还过着以渔猎为主的氏族部落生活，古称“靺鞨”。公元10世纪，女真族还在辽的统治之下。1115年，完颜部首领阿骨打在按出虎水附近的会宁（今黑龙江哈尔滨市阿城区）建立起奴隶制政权，国号为“金”，后来逐渐摆脱随水草迁徙的穴居野外生活，发展生产力，练兵牧马，终于在1125年将辽天祚帝俘获，彻底推翻辽的统治。即年冬日，金太宗吴乞买（即完颜晟）派兵南下，直捣宋朝，要挟黄金、白银、牛马、绸缎数千百万，并索割太原、中山、河间等镇。后不过半年又渡过黄河，包围北宋首都汴京，掳走皇帝、后妃、百工，抢劫珍宝古器。与南宋对峙数年之后，被蒙古军所灭。

金俗尚白，认为白色洁净，这与地处冰天雪地和衣皮皮筒里面多为白色有关。富者多服貂皮、青鼠皮、狐皮和羔皮，贫者多服牛皮、马皮、獐皮、犬皮和麋皮等毛皮。夏天则以丝绸、锦罗为衫裳。男子辫发垂肩，女子辫发盘髻，也有髡发，但式样与辽相异。耳垂金银珠玉为饰。女子着团衫、直领、左衽，下穿黑色或紫色裙，裙上绣金枝花纹。也穿褙子（习称绰子），与汉族式样稍有区别，多为对襟彩领，前齐拂地，百花纹上绣金、银线或红线。《续资治通鉴》载："乾道间金主谓宰臣曰，'今之燕饮，音乐皆习汉风，盖以备礼也，非朕心所好'。"由此看来，民族错居之间，时而互受影响，乃使习俗杂糅，是为大势所趋，不是一两个人可以随意扭转的。【图 5-28】

《猎骑带禽图》（局部）
陈居中（宋）
全图纵 23.9 厘米，横 25.8 厘米。
台北故宫博物院藏。
图中骑士头戴翻毛皮帽，身着窄袖胡服，领袖处露出一寸多毛皮（后世称为出锋）。

图 5-28 穿皮衣、戴皮帽、蹬革靴的男子（摹陈居中《猎骑带禽图》局部）

金人尚火葬，故而遗留的实物不多。金人《文姬归汉图》中所绘服饰可能按当时习尚绘成，带有鲜明的时代特色，如首戴貂帽，双耳戴环，耳旁各垂一长辫，上身着半袖，内着直领，足蹬高筒靴，颈围云肩，当与金服接近，可供参考。【图 5-29】1988 年，黑龙江省阿城市巨源乡城子村金齐国王墓出土了数十件男女丝织品服饰，做工考究，显示出浓厚的北方民族特色，是金朝女真族的服饰精品。其中一双罗地绣花鞋，长 23 厘米，鞋面上下分别用驼色罗和绿色罗，绣串枝萱草纹，鞋头略尖，上翘。麻制鞋底，较厚，鞋底衬米色暗花绫。【图 5-30】

（三）元——蒙古族服装

大约在 7 世纪的时候，蒙古族人就在今天中国黑龙江省额尔古纳河岸的幽深密林里生活着。公元 9 世纪，已经游牧于漠北草原，和原来生活在那里的突厥、回纥等部落杂处。10 世纪后，便散居成多个互不统属的部落。11 世纪时结成以塔塔儿部为首的部落联盟，最后由成吉思

图 5-29　穿皮衣、戴皮帽、佩云肩的妇女（摹张瑀《文姬归汉图》局部）

《文姬归汉图》（局部）

张瑀（金）

全图纵 30.2 厘米，横 160.2 厘米。

吉林省博物馆藏。

作品描绘的是文姬从漠北回到中原的场景。队伍在逆风中前进，虽没有背景，但人物的服饰和飘扬的头发，传达出了朔风飞扬的情境。

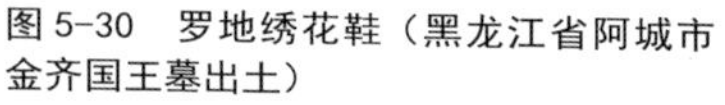

图 5-30　罗地绣花鞋（黑龙江省阿城市金齐国王墓出土）

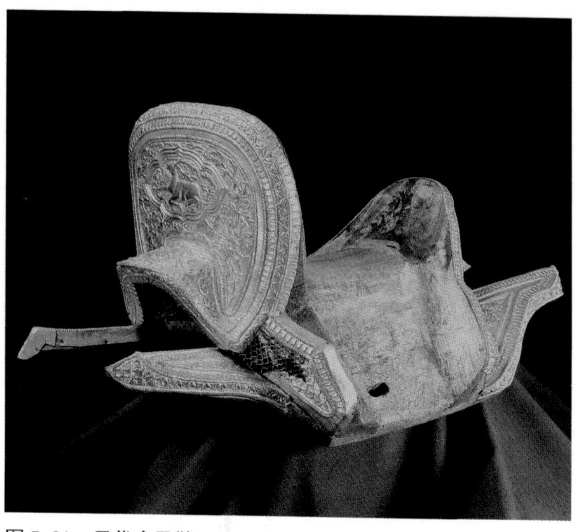

图 5-31　元代金马鞍

1988 年内蒙古锡盟镶黄旗乌兰沟出土，内蒙古博物院藏。

此鞍是元朝时期迄今为止唯一所见的马鞍遗物。此鞍的前桥以八海棠纹为框，以半浮雕卧鹿纹为主体图案，外围为缠枝牡丹花纹。后鞍桥主题花纹为卷草纹。

汗完成蒙古族的统一。在成吉思汗吞并几个少数民族政权以后，又与南宋进行了长达 40 年的对峙。公元 1260 年，成吉思汗之孙忽必烈在开平（后改称上都，在今内蒙古自治区多伦北石别苏太）登上汗位，后于 1271 年迁都燕京（改称大都，今北京市），建国号为“元”。1279 年，元王朝统一了中国。【图 5-31】

蒙古族男女均以长袍为主，样式较辽为大。虽入主中原，但服装制度始终混乱。蒙古族男子平日燕居喜着窄袖袍，圆领，宽大下摆，腰部缝以辫线，制成宽围腰，或钉成成排纽扣，下摆部折成密裥，俗称“辫线袄子”“腰线袄子”等。这种服式在金代时就有，焦作金墓中有形象资料，元代时普遍穿用。首服为冬帽、夏笠。各种样式的瓦楞帽为各阶层蒙古族男子所用。【图 5-32、图 5-33】重要仪礼在保持原有形制外，也采用汉族的朝祭诸服饰。元代天子原有冬服十一、夏装十五等规定，后又参酌汉、唐、宋的服装制度，采用冕服、朝服、公服等。男子便装大抵蒙汉两族各从其便。元人宫中大宴，讲究穿质孙服，

图 5-32　戴瓦楞帽、穿辫线袄的男子（河南焦作金墓出土陶俑）

即全身服饰无论颜色、款式和质料都配套。当时崇尚金线衣料，加金织物“纳石失”最为高级。正式场合着装有“南班”“北班”之称，可同时存在。【图 5-34、图 5-35】

女子袍服仍以左衽窄袖大袍为主，里面穿套裤，无腰无裆，上钉一条带子，系在腰带上。颈前围一云肩，沿袭金俗。袍子多用鸡冠紫、泥金、茶或胭脂红等色。女子首服中最有特色的是“顾姑冠”，也叫“姑姑冠”。《黑鞑事略》载：“姑姑制，画（桦）木为骨，包以红绢，金帛顶之，上用四五尺长柳枝或铁打成枝，包以青毡。其向上人，则用我朝（宋）翠花或五彩帛饰之，令其

图 5-33　穿袄蹬靴的男子（河南焦作金墓出土陶俑）

图 5-34　蒙古族帝王服饰形象（《元世祖忽必烈像》）台北故宫博物院藏。

图中忽必烈头戴厚檐皮帽，即金答子暖帽（有披者）。

图 5-35　戴瓦楞帽的男子（摹南薰殿旧藏《历代帝王像》局部）

飞动，以下人则用野鸡毛。”《长春真人西游记》载：“妇人冠以桦皮，高二尺许，往往以皂褐笼之，富者以红绡，其末如鹅鸭，故名‘姑姑’，大忌人触，出入庐帐须低回。”夏碧璁诗云：“双柳垂鬟别样梳，醉来马上倩人扶。江南有眼何曾见，争卷珠帘看固姑。”【图 5-36】汉族妇女尤其是南方妇女不戴这种冠帽。元代金银首饰工艺精湛，山西省灵丘县曲回寺村出土的“金飞天头饰”“金蜻蜓头饰”立体感强，形象真实生动。

“顾姑冠”是蒙古族贵妇所戴的一种礼冠，一般以铁丝、桦木或柳枝为骨，外裱纸绒绢，插朵朵翎，另饰金箔珠花。

图 5-36　戴“顾姑冠”的皇后（摹南薰殿旧藏《历代帝后图》局部）

第六章

文雅秀丽——明代服装

明：公元 1368—1644 年

公元 1368 年，明太祖朱元璋建立明王朝，在政治上进一步加强中央集权专制，对中央和地方封建官僚机构进行了一系列改革，其中包括恢复汉族礼仪，调整冠服制度，禁胡服、胡姓、胡语等措施。对民间采取“休养生息”政策，使封建经济得以很快发展。燕王朱棣称帝后，于 1421 年正式迁都北京。自此，北京成为全国政治、军事、经济、文化的中心。

明代注重对外交往与贸易，其中郑和七次下西洋，在中国外交史与世界航运史上写下了光辉的一页。明代纺织业形成产业规模，文化上空前发达，可以称为汉文化集大成时期。

一、男子官服与民服

明代服装改革中，最突出的一点即是立即恢复汉族礼仪，调整冠服制度。明太祖曾下诏“衣冠悉如唐代形制”，促使包括服装在内的政治制度大幅度改变，以至对后数百年产生深远影响。只是由于明王朝过于专制，对服色及服装图案规定过于具体，如不许官民等穿蟒龙、飞鱼、斗牛图案服装，不许用元色、黄色和紫色等。万历以后，禁令松弛，一时间鲜艳华丽的服装遍及里巷。

冕服在明代除非常重要场合之外，一般不予穿用，皇太子以下官职也不置冕服。朝服规定也很严格。另有皇帝常服，一般为乌纱折上巾、圆领龙袍等。【图 6-1 至图 6-3】

图 6-1　戴乌纱折上巾、穿绣龙袍的皇帝（摹《明太祖坐像》，台北故宫博物院藏）

图 6-2　九旒冕冠

高 18 厘米，长 49.4 厘米，宽 30 厘米。

山东邹县出土，山东博物馆藏。

此冕冠是目前我国唯一一件存世的明初冕冠实物，为明朝开国皇帝朱元璋第十子——鲁荒王朱檀的九旒冕。冕冠表面敷罗绢黑漆，镶以金圈、金边。冠的两侧有梅花金穿，贯一金簪。冕顶部有綖板，前圆后方，上面涂着黑漆以示庄重。前后的垂珠叫作旒。在冕冠制度中，旒的多少是辨别身份的重要标志。亲王只能用 9 旒，鲁荒王朱檀这顶冕冠前后各垂着 9 道旒，因此也称“九旒冕”。

图 6-3　明代万历皇帝金翼善冠

冠通高 24 厘米，后山高 22 厘米，口径 20.5 厘米，重 826 克。

1958 年北京定陵地下宫殿出土，定陵博物馆藏。

金冠是皇帝的常服冠戴，其形制由前屋、后山和金折角三部分组成，全系金制。前屋部分是用极细的金线编成的花纹，疏密一致，无接头，无断线。后山部分是采用阳錾工艺雕刻的二龙戏珠图案，龙的造型生动有力，气势雄浑。金折角，俗称纱帽翅，取折角向上的形式。其制作工艺技巧登峰造极，达到了炉火纯青的程度。

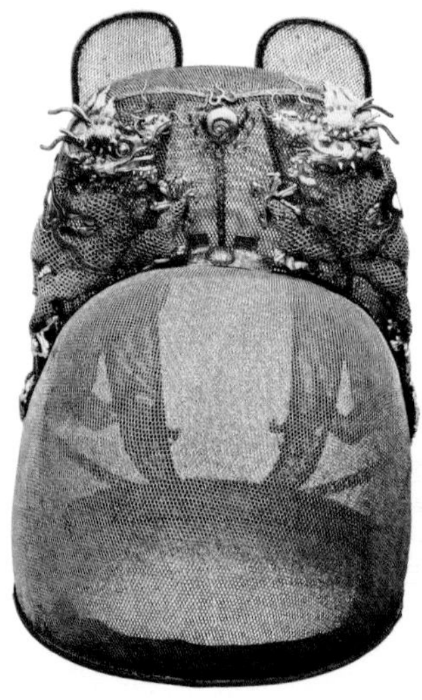

（正面）

（侧面）

（一）朝服规定

朝服以袍衫为尚，头戴梁冠，着云头履。梁冠、革带、佩绶、笏板等都有具体安排，如表 6-1。

明代官服上开始缝缀补子，用以区分等级，这应是源于武则天时赏赐百官绣纹袍制度。明代补子以动物作为标志，文官绣禽，武官绣兽。袍色、花纹也各有规定。盘领右衽、袖宽三尺的袍上缀补子，再与乌纱帽、皂革靴相配套，成为典型明代官员服装范式。【图 6-4 至图 6-8】补子与袍服

表 6-1　明代朝服规定

品级	梁冠	革带	佩绶	笏板
一品	七梁	玉带	云凤四色织成花锦	象牙
二品	六梁	犀带	云凤四色织成花锦	象牙
三品	五梁	金带	云鹤花锦	象牙
四品	四梁	金带	云鹤花锦	象牙
五品	三梁	银带	盘雕花锦	象牙
六、七品	二梁	银带	练鹊三色花锦	槐木
八、九品	一梁	乌角带	㶉鶒二色花锦	槐木

㶉鶒（xī chì）
水鸟，大于鸳鸯。

图 6-4（左）　穿补服、戴乌纱帽的官吏（谢环《杏园雅集图》局部）

图 6-5（右）　官员服饰形象（传世肖像画）

表 6-2　明代朝服的补子、服色与花纹

品级	补子		服色	花纹
	文官	武官		
一品	仙鹤	狮子	绯色	大朵花径五寸
二品	锦鸡	狮子	绯色	小朵花径三寸
三品	孔雀	虎	绯色	散花无枝叶径二寸
四品	云雁	豹	绯色	小朵花径一寸五
五品	白鹇	熊罴	青色	小朵花径一寸五
六品	鹭鸶	彪	青色	小朵花径一寸
七品	鸂鶒	彪	青色	小朵花径一寸
八品	黄鹂	犀牛	绿色	无纹
九品	鹌鹑	海马	绿色	无纹
杂职	练雀(鹊)			无纹
法官	獬豸			

花纹分级简表如表 6-2。

以上规定并非绝对，有时略为改动，但基本上符合这种定级方法。明世宗嘉靖年间，对品官燕居服装也做了详细规定，如一、二、三品官服织云纹，四品以下不用纹饰，以蓝青色镶边等。

（二）民服样貌

明代各阶层男子便服主要为袍、裙、短衣、罩甲等。大凡举人等士者服斜领大襟宽袖衫，宽边直身。这种肥大斜襟长衣在袖身等长度上时有变化，《阅世编》称："公私之服，予幼见前辈长垂及履，袖小不过尺许。其后，衣渐短而袖渐大，短才过膝，裙拖袍外，袖至三尺，拱手而袖底及靴，揖则堆于靴上，表里皆然。"【图 6-9】衙门皂隶杂役，着漆布冠，青布长衣，下截折有密裥，腰间束红布织带。捕快类头戴小帽，青衣外罩红色布料背甲，腰束青丝织带。富民衣绫罗绸缎，不敢着官服色，但于领上用白绫布绢衬上，以别于仆隶。崇祯末年，"帝命其太子、王子易服青布棉袄、紫花布袷衣、白布裤、蓝布裙、白布袜、青布鞋、戴皂布巾，作民人装束以避难"。由此可以

袷（jiá）

夹的异体字，指有衬里但无絮棉的夹衣。另有 jié 音，指衣领。

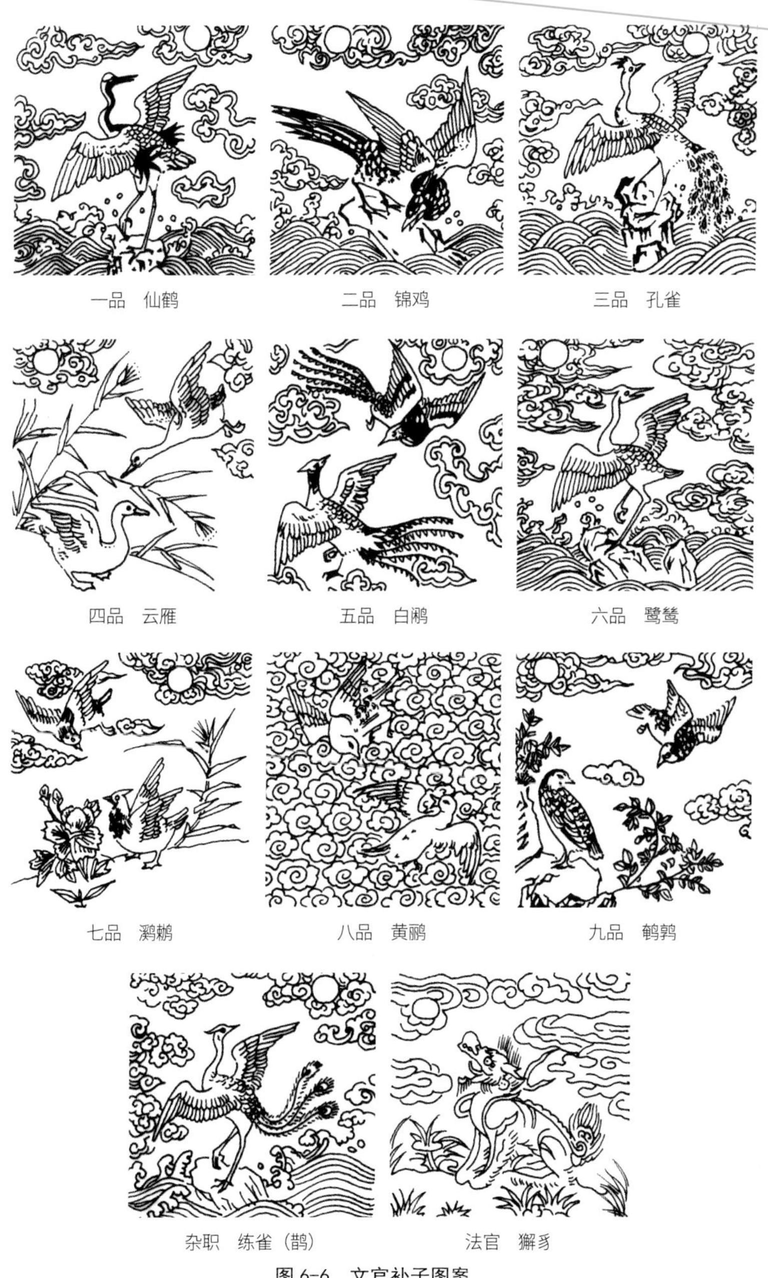

图 6-6　文官补子图案

图 6-7　明代蓝暗花纱缀织仙鹤补服

衣长 133 厘米，两袖通长 250 厘米，袖口宽 24 厘米，袖根宽 41 厘米，下摆宽 58 厘米，腰宽 150 厘米，领缘宽 2.3 厘米，补子高 40 厘米，宽 39 厘米。

传世实物，山东曲阜孔子博物馆藏。

此为明代一品官公服。款式为交领，右衽，镶白绢领缘，长阔袖，左右开裾，打三暗褶。质地为直径纱，暗花为四合如意云纹，间饰小朵花。此衣刺织仙鹤方补，补内织上下相对飞翔仙鹤，以及云朵、牡丹、寿石、桂花、琴棋书画等纹样。

一、二品　狮子　　三品　虎　　四品　豹

五品　熊罴　　六、七品　彪

八品　犀牛　　九品　海马

图 6-8　武官补子图案

图 6-9　穿衫、戴儒巾的士人（摹曾鲸《王时敏小像》）

断定，这种化装出逃的服式，即为最普遍的百姓装束。【图 6-10】

1. 首服

其中有“四方平定巾”，为职官儒士便帽。有网巾，用以束发，表示男子成年。网巾据说为明太宗提倡，因以落发、马鬃编织，用总绳收紧，可得个“一统山河”的吉祥名称。另有包巾、飘飘巾、东坡巾等二十余种巾式，一般统称为儒巾。帽子除了源于唐幞头的乌纱帽之外，还有吉名为“六合一统帽”的帽子，俗称瓜皮帽，为市民日常所戴。这种帽子一直沿用至民国，甚至于 20 世纪后半叶仍有老者戴用。另有遮阳帽、圆帽等十几种帽子。【图 6-11】

2. 足服

明人足服有多种质料与样式，如革靴、布底缎面便鞋等。江南人多穿蒲草鞋，北方人多穿

图 6-10　穿衫、裙、裤的农人（摹戴进《太平乐事》局部）

牛皮直筒靴。另外，叶梦珠《阅世编》记："松江旧无暑袜店，暑月间，穿毡袜者甚众。万历以来，用尤墩布为单暑袜……"这句话说明了轻柔洁白的棉布当时已被更加广泛地使用了。

因为明代绘画界兴起肖像画，并出现了以曾鲸为代表的肖像画家，所以留下了为数不少的人物写真画。如《葛一龙像》《王时敏小像》《徐渭像》，还有《朱元璋像》等，这些肖像作品成为我们当今最为可靠的明代服装形象资料。

图 6-11　忠靖冠

江苏丹阳蒋墅乡明墓出土，南京博物院藏。

此冠为云巾的一种。按《三才国会》载："云巾有梁，左右前后用金线或素线屈曲为云状，制颇类忠静冠，士人多服之。"

二、女子冠服与便服

自周代制定服装制度以来，贵族女子即有冕服、鞠衣等用于隆重礼仪的服装配套。因历代变化不大且过于烦琐，前几代中未做说明。明代服装规定严格，又有明式特点，而且距今年代较近，资料比较丰富、准确，所以将其作为女子服装的一部分。

（一）冠 服

大凡皇后、皇妃、命妇都有冠服，一般为正红色大袖衫、深青色褙子加彩绣帔子、珠玉金凤冠、金绣花纹履。

帔子早在魏晋南北朝时已出现，唐代帔子已美如彩霞。诗人白居易曾赞其曰："虹裳霞帔步摇冠。"宋时即为礼服，明代因袭。上绣彩云、海水、红日等纹饰，每条阔三寸三分，长七尺五寸。其具体花纹按品级区分如表6-3。

这里需要说明的是，所谓命妇服装的品级规定，是根据其丈夫官级高低而确定的，即与丈夫官服规格一致。命妇所穿服装一般统称为"凤冠霞帔"，民间女子婚服样式允许与这一身装束近似，但只许新婚这天穿。【图6-12至图6-15】

（二）便 服

命妇燕居与平民女子的服装主要有衫、袄、帔子、褙子、比甲、裙子等，基本样式依唐宋旧制。普通妇女多以紫花粗布为衣，不许用金绣。袍衫只能用紫色、绿色、桃红等间色，不许用大红、

表6-3 明代帔子各品级的图案

品级	霞帔图案	褙子图案
一、二品	蹙金绣云霞翟纹	蹙金绣云霞翟纹
三、四品	金绣云霞孔雀纹	金绣云霞孔雀纹
五品	绣云霞鸳鸯纹	绣云霞鸳鸯纹
六、七品	绣云霞练鹊纹	绣云霞练鹊纹
八、九品	绣缠枝花纹	绣折枝团花

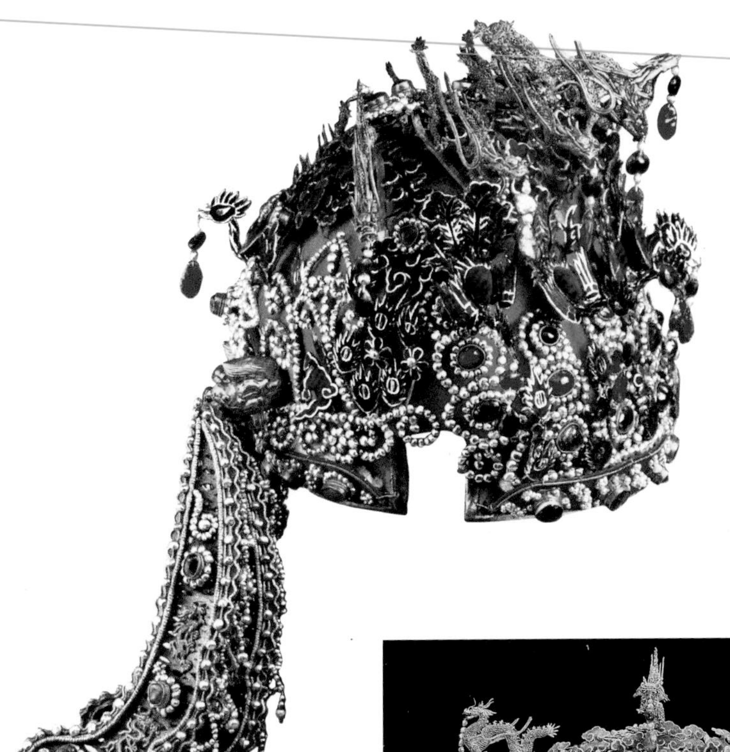

图 6-12　明孝端皇后九龙九凤冠

冠通高 48.5 厘米、冠高 27 厘米、径 23.7 厘米。

1957 年北京定陵地宫出土，中国国家博物馆藏。

此冠用漆竹扎成帽胎，面料以丝帛制成，前部饰有九条金龙，口衔珠滴，下有八只点翠金凤，后部也有一金凤，共九龙九凤。金宝钿花是由黄金、宝石、珍珠组合而成的花型装饰。其间“铺翠”，有翠云、翠叶、珠翠花等装饰满铺在冠上。整个凤冠光彩夺目，色彩艳丽，再配上金边，显得富丽堂皇，且永不褪色。

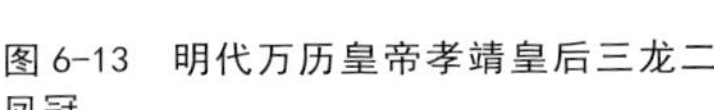

图 6-13　明代万历皇帝孝靖皇后三龙二凤冠

冠通高 31.7 厘米，上宽 34 厘米，外口径 19 厘米，内口径 17 厘米，博鬓长 23 厘米，宽 5 厘米，冠重 2165 克。

1958 年北京定陵地下宫殿出土，定陵博物馆藏。

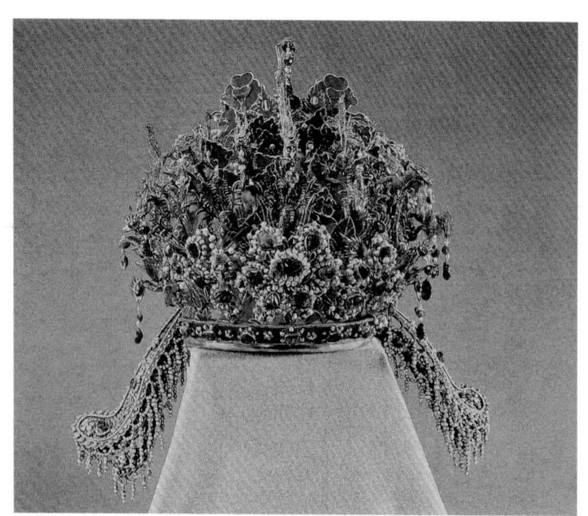

图 6-14　明代万历皇帝孝靖皇后十二龙九凤冠

冠通高 32 厘米，口径 19 厘米，博鬓长 23 厘米，宽 5.5 厘米，重 2595 克。

1958 年北京定陵地下宫殿出土，定陵博物馆藏。

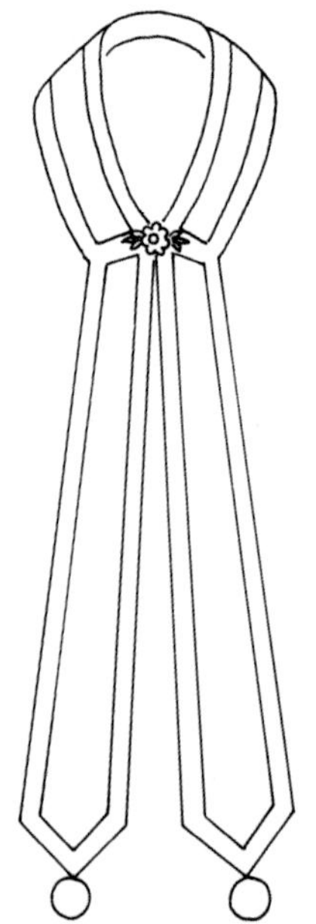

图 6-15　霞帔示意图

鸦青与正黄色，以免混同于皇家服色。

1. 褙子

明代褙子，用途更加广泛，但形式与宋代大致相同。【图 6-16 至图 6-18】

2. 比甲

本为蒙古族服式，北方游牧民族女子喜好加以金绣罩在衫袄以外。后传至中原，汉族女子也多穿用。明代中叶着比甲成风，样式似褙子而无袖，多为对襟，比后代马甲又长，一般齐裙。【图 6-19】

3. 裙子

明代女子仍是单独穿裤者甚少，下裳主要为裙，裙内加着膝裤。裙子式样讲求八至十幅料，或更多。腰间细缀数十条褶，行动起来犹如水纹。【图 6-20 至图 6-22】后又时兴凤尾裙，以各种条子形式出现，每条上绣图案，另在两边镶金线，相连成裙。还有江南水乡妇女束于腰间的短裙，以及自后而围向前的襕裙，或称“合欢裙”。明代女子裙色尚浅淡，纹样不明显。崇祯初年

图 6-16　穿窄袖褙子的妇女（摹唐寅《簪花仕女图》）

图 6-17　穿褙子的妇女（摹明万历年间刻本《月亭记》插图）

图6-18　穿褙子、衫、裙，披帔子的女子（摹唐寅《孟蜀宫伎图》）

《孟蜀宫伎图》（局部）
唐寅（明）
全图纵 124.7 厘米，横 63.6 厘米。
故宫博物院藏。
此图中服饰属于明代宫女典型服饰。

图 6-19　穿比甲的妇女（摹《燕寝怡情图》局部）

图中人物头梳尖髻，外着比甲，内着长衫，下着长裙。

图 6-20　穿襦裙、披帛的女子（摹仇英《汉宫春晓图》局部）

图 6-21　穿襦裙、围裳，披帛的女子（摹唐寅《秋风纨扇图》局部）

《秋风纨扇图》（局部）

唐寅（明）

全图纵 77.1 厘米，横 39.3 厘米。

上海博物馆藏。

明代画家唐寅擅长山水、人物画，画中人物多取历史故事为内容，以当代人物为形象素材。这幅作品充分反映了明代服饰特征。

图 6-22 明代《仕女吹箫图》（局部）

唐寅（明）

全图纵 164.8 厘米，横 89.5 厘米。

南京博物院藏。

图中仕女头戴月牙形饰物，身着短袄长裙。

尚素白，裙缘一二寸施绣。文徵明曾作诗曰："茜裙青袂谁家女，结伴墙东采桑去。"看来，只要不是违反诏令，用色尽可随其自便。关于服装尺寸的标准，民间常有变异，尽管某些是反复出现，但仍能摸索出一条规律。例如上衣与下裳的比例，大凡衣短则裙长，衣长则裙阔。衣长时长至膝下，去地仅五寸，袖阔四尺，那裙子自可不必多加装饰，而衣短就会较多地显露裙身，则须裙带、裙料、裙花显出特色。这种变化在历代服装流行趋势中都显而易见，原因在于人们着装力求在对立之中求得统一。而有些服装长短、大小、宽窄的比例基本上符合黄金分割率，这样能契合审美标准。假如各部位平分秋色，势必显得呆板、少变化，当然也就违背了视觉美的规律。

明代女装里还有一种典型服装，即是各色布拼接起来的"水田衣"。这种出自民间妇女手中的艺术佳品，至 20 世纪上半叶还可以见到，被称为"百家衣"。不过这种拼接手艺在 20 世纪末多为儿童缝作被子、褥子。拼接艺术到现今又重新兴起，叫"拼镶艺术"。【图 6-23、图 6-24】

4. 头饰

明代讲求以鲜花绕髻为饰，这种习惯延至今日。只不过明代女子除鲜花绕髻之外，还有各种质料的头饰，如"金玉梅花""金

图 6-23 “水田衣”示意图

图 6-24 摹明《燕寝怡情图》中穿水田衣的人物

绞丝顶笼簪”“西番莲梢簪”“犀玉大簪”等，这些多为富贵人家女子的头饰。年轻妇女喜戴头箍，尚窄；老年妇女也喜戴头箍，但尚宽，上面均绣有装饰，富者镶金嵌玉，贫者则绣以彩线。头箍的样式一说是从宋代包头发展而来，初为棕丝结网，后来发展为一条窄边系扎在额眉之上。毛皮料的头箍被称为“貂覆额”，围上后上露各式发髻。1993 年安徽省歙县出土的金霞帔坠子、1996 年浙江义乌市青口乡白莲塘村出土的金鬏髻（发髻罩）上都有镂空透雕凤凰祥云，都说明了明代女子的头饰及其他佩饰整体造型美观，工艺精湛。关于明代女装与童装的参考资料，还可以翻阅明人小说插图与唐寅、仇英等明代画家的人物画。【图 6-25 至图 6-27】

由于明代汉文化发展势头强劲，集中了长期封建社会的文化知识，因而“吉祥图案”盛行，

图 6-25　明代女子头饰（稷益庙壁画局部）

图 6-26　麻姑服饰形象

图 6-27　三霄娘娘服饰形象

许多成为有代表性的中华民族文化符号，并直接影响到了后代。如以松、竹、梅寓“岁寒三友”，以松树仙鹤寓“长寿”，以鸳鸯寓“夫妇和美偕老”，以石榴寓“多子多福”，以凤凰牡丹寓“富贵”。另有谐音法，如以战戟、石磬、花瓶、鹌鹑示“吉庆平安”，以荷、盒、玉如意示“和合如意”，以蜂猴示“封侯”，以瓶插三戟示“平升三级”，以莲花鲶鱼示“连年有余”等。这些图案被应用在各种服装上。【图 6-28 至图 6-40】

图 6-28　明金地缂丝鸾凤牡丹纹圆补

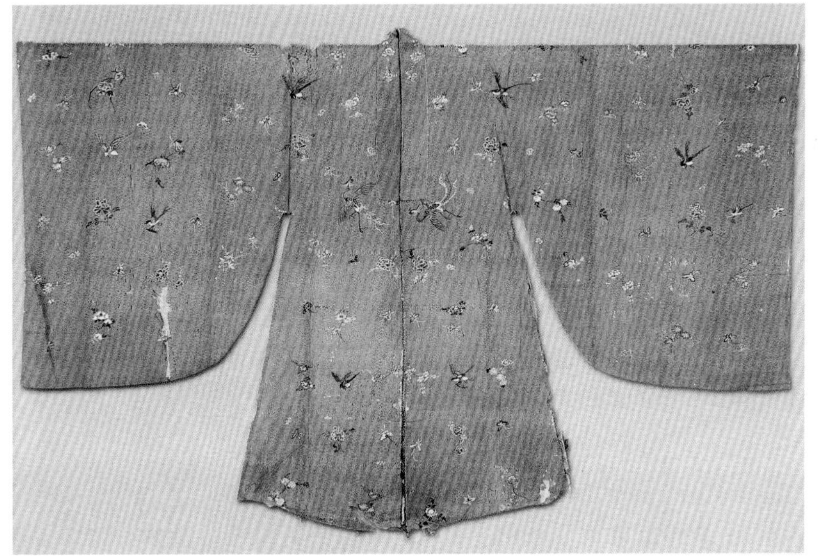

图 6-29　明代桃红纱地彩织花鸟纹褙子

衣长 119 厘米，两袖通长 196 厘米，袖宽 86 厘米，袖根宽 41 厘米，下摆宽 86 厘米，腰宽 59 厘米，领缘宽 6.2 厘米，银边宽 0.34 至 0.4 厘米。

传世实物，山东曲阜孔子博物馆藏。

此衣款式为直领，加领缘，对襟，长阔袖，左右开裾，领、襟、裾、袖缘为银边。质地为桃红色暗花纱，铺满小朵花卉。全衣满身散点彩织吉祥花鸟纹，有凤凰、鹦鹉、喜鹊、白头翁、蝴蝶、梅、兰、菊、牡丹、芙蓉、石榴花、栀子花等纹样。

图 6-30　明灯笼纹锦

图 6-31　明代八吉祥织金锦

图 6-32　明宝相花纹锦

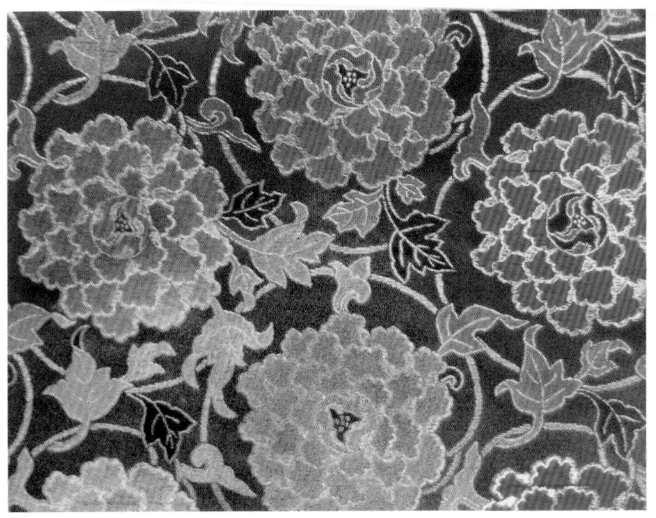

图 6-33　明牡丹纹加金锦摹绘图（局部）

图 6-34　明天下乐（灯笼锦）妆花缎（局部）

图 6-35　明团龙纹织金妆花缎（局部）

图 6-36　明八达晕加金锦（局部）

八达晕是始于五代的图案，题材以花朵为主，花朵外出米字直线，以联络其他花朵等。

图 6-37　明落花流水游鱼纹妆花缎（局部）

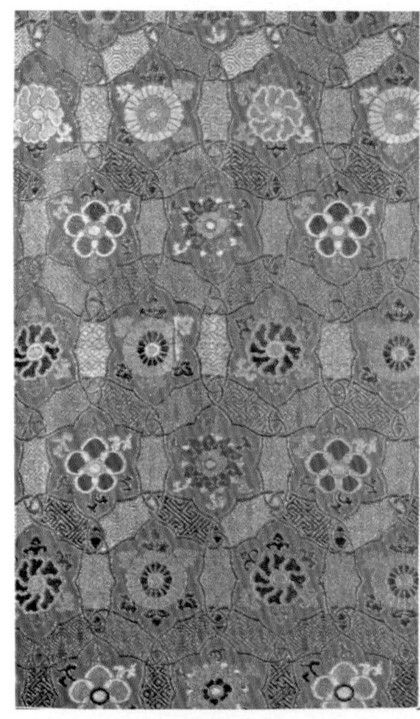

图 6-38　明红地盘条四季花卉纹宋式锦（局部）

图 6-39　明红地穿枝花卉纹织金绸（局部）

图 6-40（右）　明白地加金胡桃纹双层锦（局部）

第七章

草原遗风——清代服装

清：公元 1644—1911 年

清代自 1644 年清顺治帝福临入关到辛亥革命为止，共经历了 268 年。满族入关后，首先令汉族人民剃发易服，“衣冠悉遵本朝制度”。这一强制性活动的范围与程度是前所未有的。转一年，清廷索性下令“京城内外限旬日，直隶各省地方，自部文所到之日，亦限旬日，尽令剃发”，若有“仍存明制，不随本朝之制度者，杀无赦”。可是汉族人素持“身体发肤，受之父母，不可毁伤”的意识，所以在“宁可断头，绝不剃发”的口号下聚集起来，对满族统治者进行了多次多处斗争，后来在不成文的“十从十不从”条例之下，才暂时缓解了这一矛盾。“十从十不从”内容有多条涉及服装，而且由于在清代初年规定，因此对清近三百年的服装发展至关重要。“十从十不从”包括男从女不从，生从死不从，阳从阴不从，官从隶不从，老从少不从，儒从而释道不从，娼从而优伶不从，仕宦从而婚姻不从，国号从而官号不从，役税从而语言文字不从。“从”即是汉人须随满俗，“不从”则是保留汉俗。传说这是由明遗臣金之俊提出，前明总督洪承畴参与并赞同的。清王朝在非官方场合接受了这个条例。这其中“优伶不从”，使得戏装中的明代服装样式和穿戴方法完好地保留下了，而明代服装又正是综合继承唐宋服装的，这显然对汉文化系统传承有着非凡的意义。

一、男子服装

清代在服装制度上坚守其本民族旧制，不愿意轻易改变原有服式。清太宗皇太极曾说："若废骑射，宽衣大袖，待他人割肉而后食，与尚左手之人何以异耶！朕发此言，实为子孙万世之计也。在朕身岂有变更之理，恐后世子孙忘旧制、废骑射，以效汉人俗，故常切此虑耳。"由于满汉长期混居，自然互为影响，到了乾隆帝时，有人又提出改为汉服，乾隆在翔凤楼集诸王及属下训诫曰："朕每敬读圣谟，不胜钦凛感慕……我朝满洲先正遗风，自当永远遵循……"后又谕以"衣冠必不可以轻易改易"。由于满族统治者执意不改服装，并以强制手段推行满服于全国，以至近三百年中男子服装基本以满服为模式。

清代男子以袍、褂、袄、衫、裤为主，一律改原汉族宽衣大袖为窄袖筒身。衣襟以纽袢系扣，代替了汉族惯用的绸带。领口变化较多，但无领子，高层人士再另加领衣。在完全满化的服装上沿用了汉族冕服中的十二章纹饰和明代官员的补子。只是由于满装对襟，所以前襟不另缀，而是直接绣方形或圆形补子于衣上，称之为补服。补子图案与明代补子略有差异。【图 7-1、图 7-2】

（一）袍、袄

因游牧民族惯骑马，因此多开衩，后有规定皇族用四衩，平民不开衩。其中开衩大袍，也叫

图 7-1　官员服饰形象（清西陵石像生）

图 7-2　穿箭衣、补服，佩披领，挂朝珠，戴暖帽，蹬朝靴的官吏（清人《关天培写真像》）

"箭衣"，袖口有突出于外的"箭袖"，因形似马蹄，故俗称为"马蹄袖"。其形源于北方恶劣天气中避寒所用，不影响狩猎射箭，不太冷时还可卷上，便于行动。进关后，袖口放下是行礼前必需的动作，名为"打哇哈"，行礼后再卷起。清代官服中，龙袍只限于皇帝，一般官员以蟒袍为贵，蟒袍又谓"花衣"，是为官员及其命妇套在外褂之内的专用服装，并以蟒数及蟒之爪数区分等级。

民间习惯将五爪龙形称为龙，四爪龙形称为蟒，实际上二者大体形同，只在头部、鬣尾、火焰等处略有差异。袍服除蟒数以外，还有颜色禁例，如皇太子用杏黄色，皇子用金黄色，而下属各王等官职不经赏赐是绝不能服黄的。袍服中还有一种"缺襟袍"，前襟下摆分开，右边裁下一块，比左面略短一尺，便于乘骑，因而谓之"行装"。不乘骑时可将裁下来的前裾与衣服之间以纽扣扣上。

（二）补服

形如袍，略短，对襟，袖端平，是清代官服中最重要的一种，穿用场合很多。各品级补子图案根据《大清会典图》规定如表 7-1。

按察使、督御使等依然沿用獬豸补子，其他诸官有彩云捧日、葵花、黄鹂等图案的补子。

表 7-1　各品级补子图案

品级	文官补子绣饰	武官补子绣饰
一品	仙鹤	麒麟
二品	锦鸡	狮
三品	孔雀	豹
四品	云雁	虎
五品	白鹇	熊
六品	鹭鸶	彪
七品	鸂鶒	犀牛
八品	鹌鹑	犀牛
九品	练雀	海马

（三）行褂

行褂是指一种长不过腰、袖仅掩肘的短衣，俗呼“马褂”。如跟随皇帝巡幸的侍卫和行围校射时猎获胜利者，缀黑色纽袢。在治国或战事中建有功勋的人，缀黄色纽袢。缀黄色纽袢的称为“武功褂子”，其受赐之人名可载入史册。礼服用元色、天青色，其他用深红色、酱紫色、深蓝色、绿色、灰色等，黄色非特赏所赐者不准服用。马褂用料夏为绸缎，冬为皮毛。乾隆时期，达官贵人为显阔还曾时兴过一阵反穿马褂，以炫耀其高级裘皮。【图 7-3】

（四）马甲

马甲为无袖短衣，也称“背心”或“坎肩”，男女均服，清初做内衣穿，晚清时讲究穿在外面。其中一种多纽袢的背心，类似古代裲裆，满人称为“巴图鲁坎肩”，意为勇士服，后俗称“一字襟”，官员也可作为礼服穿用。【图 7-4】

（五）领衣

清代服式一般没有领子，所以穿礼服时需加一硬领，为领衣。因其形似牛舌，而俗称“牛舌头”。下有布或绸缎，中间开衩，用纽扣系上。夏用纱，冬用毛皮或绒，春秋两季用湖色缎。【图 7-5】

（六）披领

加于颈项而披于肩背，形似菱角。上面多绣以纹彩，用于官员朝服。夏天用石青色面料，加片金缘边。冬天用紫貂或石青色面料，边缘镶海龙绣饰。【图 7-6】

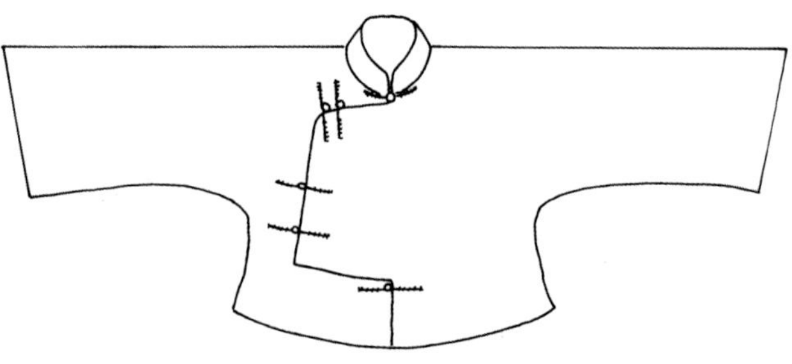

图 7-3　马褂示意图

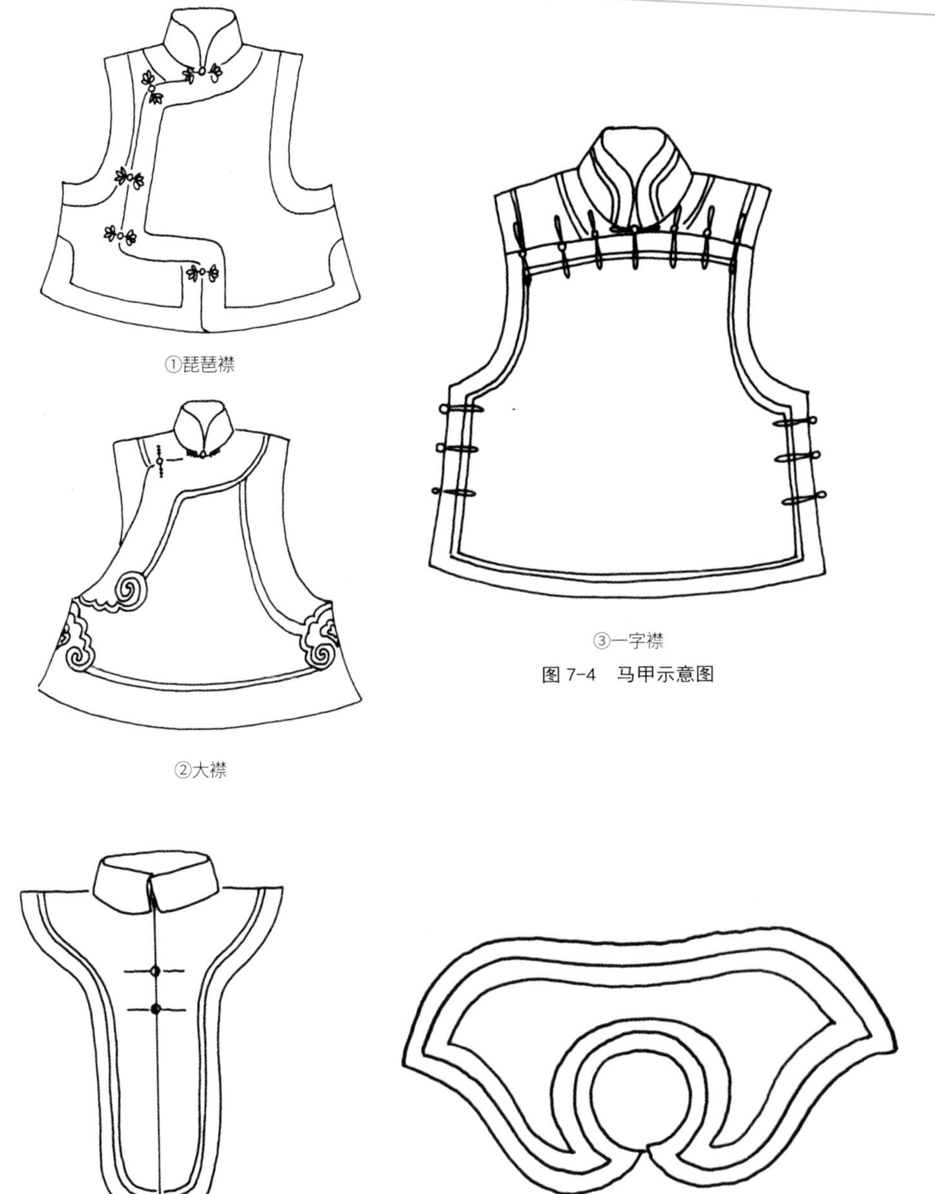

①琵琶襟

②大襟

③一字襟

图 7-4　马甲示意图

图 7-5　领衣示意图

图 7-6　披领示意图

（七）裤子

清朝男子已不着裙，普遍穿裤。中原一带男子穿宽腰长裤，系腿带。西北地区因天气寒冷而在宽腰长裤外加套裤。江浙地区则穿宽大的长裤和柔软的于膝下收口的灯笼裤。【图 7-7、图 7-8】

（八）首服

夏季有凉帽，冬季有暖帽。职官首服上必装冠顶，其料以红宝石、蓝宝石、珊瑚、青金石、水晶、素金、素银等区分等级。因常有变异，而且冠顶质料无碍服装形象，不予详述。官员燕居及士庶男子则多戴瓜皮帽，帽上用以红色丝绳为主的"结子"，丧仪用黑或白。清末，以珊瑚、水晶、料珠等取而代之。帽缘正中，另缀一块四方形帽准作为装饰，其质多用玉，更有的以翡翠珠宝炫其富贵。这种小帽即为明时六合一统帽。《枣林杂俎》记："清时小帽，俗呼'瓜皮帽'，不知其来已久矣。瓜皮帽或即六合巾，明太祖所制，在四方平定巾之前。"【图 7-9】

帨（shuì）
佩巾。

（九）朝珠

这是高级官员区分等级的一种标志，进而形成高贵的装饰品。文官五品、武官四品以上均佩朝珠，以琥珀、蜜蜡、象牙、奇楠等料为之，计 108 颗。旁随小珠三串，佩挂时一边垂一串，另一边垂两串，男子两串小珠在左，命妇两串小珠在右。另外还有稍大珠饰垂于后背，谓之"背云"，官员一串，命妇朝服三串，吉服一串。贯穿朝珠的那条线，皇帝用明黄色，官员则为金黄条或石青条。【图 7-10】

（十）腰带

富者腰带上有环和带钩。环左右各两个，用以系帨、刀、觿、荷包等。带钩上以玉、翠等镶在金、银、铜质之内为饰。【图 7-11】

（十一）鞋

公服着靴，便服着鞋，有云头、双梁、扁头等式样。另有一种快靴，底厚筒短，便于出门时跋山涉水。【图 7-12 至图 7-21】

图 7-7　清代沙绿色暗花纱织花单裤

裤长 84.5 厘米，腰宽 52 厘米，接腰宽 7.5 厘米，立裆高 50 厘米，裤口宽 27.5 厘米。

传世实物，山东曲阜孔子博物馆藏。

此裤面料为绿芝麻纱，暗牡丹、菊花纹。

款式为大裆、直腿、平裤口。裤口镶边三道，裤腿下部织有荷花等花卉纹样。从裤为贵族妇女服用。

图 7-8　清代黄暗花绸地织花夹裤

裤长 52.5 厘米，腰宽 27.5 厘米，接腰宽 6 厘米，裤口宽 20.5 厘米，开裆长 22 厘米。

传世实物，山东曲阜孔子博物馆藏。

此裤形式新颖，做工精细，纹饰多样，是一条开裆、直腿、平裤口、前后相掩式挽腰小童裤。

清代蒙古王官帽（暖帽、凉帽）

内蒙古科尔沁右翼后旗镇国公府遗物。

内蒙古博物院藏。

图 7-9　暖帽与凉帽（传世实物）

清代男子服装分阶层有所不同，从整体服装形象上看，主要为以下三种：

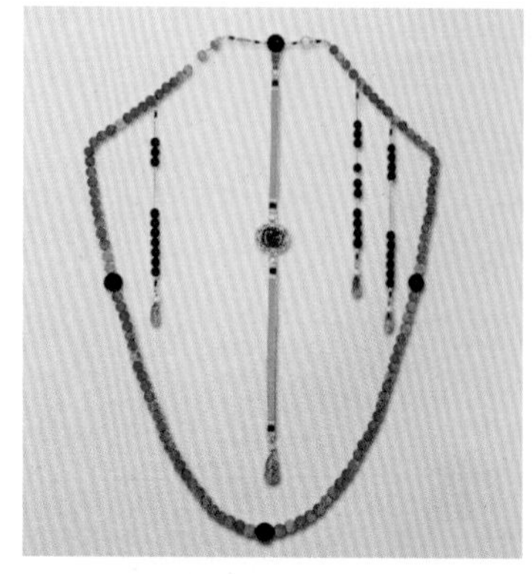

图 7-10　清代珊瑚朝珠

周长 150 厘米。

传世实物，故宫博物院藏。

这串朝珠以珊瑚为质，用明黄色线条贯穿，是皇帝于朝日时所佩挂的。

（1）官员：头戴暖帽或凉帽，有花翎、朝珠，身穿褂、补服、长裤，脚着靴。

（2）士庶：头戴瓜皮帽，身着长袍、马褂、掩腰长裤，腰束带，挂钱袋、扇套、小刀、香荷包、眼镜盒等，脚着白布袜、黑布鞋。

（3）体力劳动者：头戴毡帽或斗笠，着短衣、长裤，扎裤脚，罩马甲或加套裤，下着布鞋或蓬草鞋。

这三种服式延续至 20 世纪下半叶。

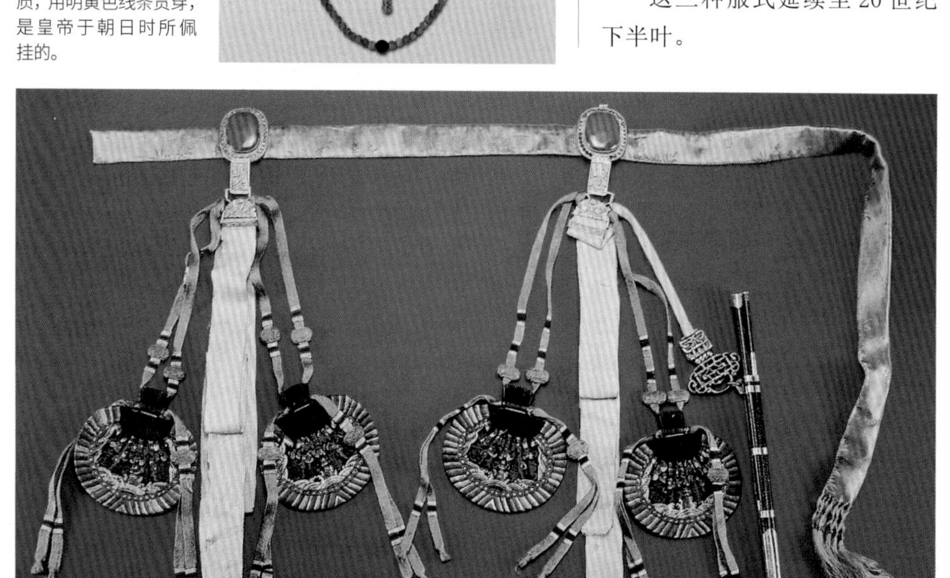

图 7-11　清代王爷用忠孝腰带

内蒙古锡盟阿巴嘎右翼旗郡王府遗物。

内蒙古博物院藏。

此黄缎带两侧以红玛瑙带穿下，分别垂挂蝙蝠顶“忠”“孝”字的铜挂，挂饰下各系两个荷包，另挂一鲨鱼皮鞘蒙古刀。

图 7-12　清代青缎织金花平底尖头靴
高 52 里面，长 28 厘米。
传世实物，故宫博物院藏。

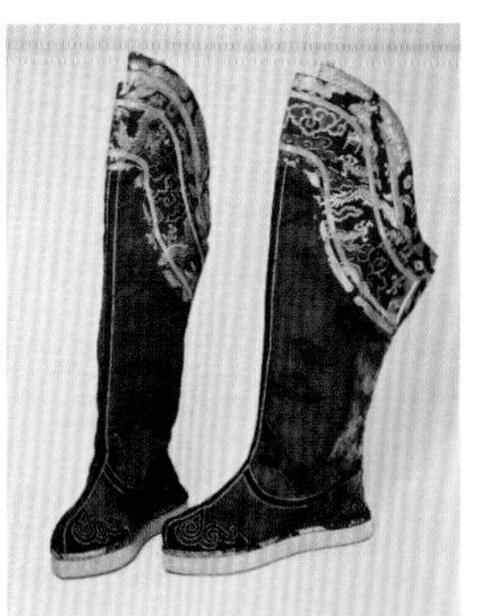

图 7-13　清代石青缎平底尖头靴
高 52 厘米，长 28 厘米。
传世实物，故宫博物院藏。

图 7-14　清代明黄色漳绒串珠织蔓草纹朝靴
高 59 厘米。
传世实物，故宫博物院藏。

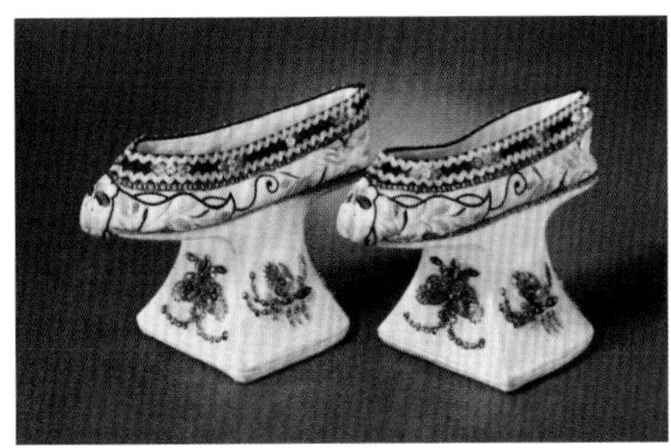

图 7-15　清代黄色缎绣花卉纹花盘底鞋
高 24 厘米，长 14 厘米。
故宫博物院藏。

图 7-16　清代雪灰绸绣花蝶纹花盘底鞋
高 23 厘米，长 16 厘米。
故宫博物院藏。

图 7-17　清代蓝缎刺绣凤戏牡丹纹马蹄底鞋
内蒙古博物院藏。

图 7-18　清代男云字头夫子履
传世实物，何志华先生藏。

图 7-19　清代汉族男双脸鞋
传世实物，何志华先生藏。

图 7-20　清代汉族女缠足鞋
何志华先生藏。

图 7-21　穿双梁鞋、大襟长袍的男子（摹任伯年《玩鸟图》）

二、先分后合的满汉女子服装

清初，在“男从女不从”的约定之下，满汉两族女子基本保持着各自的服装形制。满族女子传统服装中有相当大的部分与男服相同。自乾嘉以后，满族女子开始效仿汉服，虽然屡遭禁止，但其趋势仍在不断扩大。汉族女子清初的服装基本上与明代末年相同，后来在与满族女子的长期接触之中，不断演变，终于形成清代女子服装特色。

（一）霞帔

满族旗女、皇族、命妇朝服与男子朝服基本相同，不再赘述，唯霞帔为女子专用。【图 7-22 至图 7-25】明时狭如巾带的霞帔至清时已阔如背心，中间绣禽纹以区分等级，下垂流苏。类似的凤冠霞帔在平民女子结婚时可穿戴一

图 7-22　清贵族妇女服饰形象

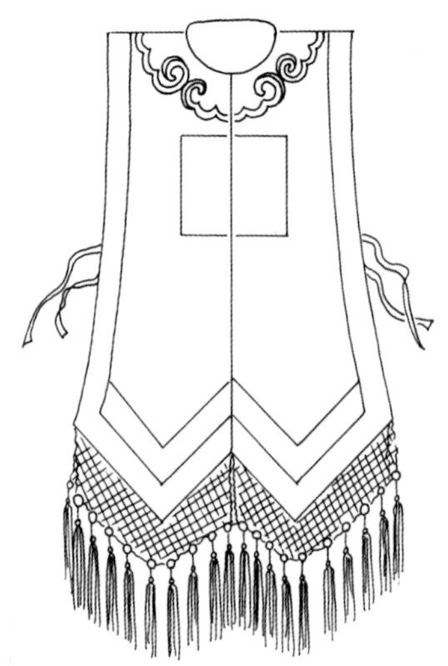

图 7-23 霞帔示意图

图 7-24 清代红缎地彩织仙鹤方补霞帔

衣长 102.5 厘米，宽 48 厘米，补子高 27.5 厘米，宽 26 厘米，片金缘宽 0.4 厘米。

传世实物，山东曲阜孔子博物馆藏。

此款式为圆领、对襟、宽条形，中间缀以补子，底襟为楔形，镶石青色地片金缘。面料为八枚三飞红缎。运用多种针法，在前胸、后背缀织仙鹤方补，补内彩织仙鹤及海水江崖、寿石、云蝠云；底襟织海水江崖、寿石、菊花纹；通身间饰云蝠纹。

图 7-25 清代石青地平金织彩云龙纹缀盘金织云雁方补霞帔

传世实物，私人收藏。

清代命妇礼服，着凤冠霞帔。清代霞帔与明代霞帔形式截然不同，而像一个过膝的坎肩，底襟为剑形，并缝缀长穗，且不挂霞帔坠。此件霞帔为四品命妇所用。

次已成为惯例。旗女平时着袍、衫，初期宽大后窄如直筒。在袍衫之外加着坎肩，一般与腰际平，也有长与衫齐的，有时也着马褂，但不用马蹄袖。上衣多无领，穿时加小围巾，后来领口式样渐多。【图 7-26】

图 7-26　梳两把头、穿旗袍、系围巾的女子（传世照片）

（二）上衣下裳

汉女平时穿袄裙、披风等。【图 7-27、图 7-28】上衣由内到外为：兜肚—贴身小袄—大袄—坎肩—披风。兜肚也称兜兜，以带悬于项间，只有前片而无后片。贴身小袄可用绸缎或软布为之，颜色多鲜艳，有粉红、桃红、水红、葱绿等。大袄分季节有单袄、夹袄、皮袄、棉袄之分，式样多为右衽大襟，长至膝下，身长二尺八寸左右；袖口初期尚小，后期逐渐放大，至光绪末年，又复短小，仅长一尺或一尺二寸，露出内衣；领子时高时低。【图 7-29、图 7-30】外罩坎肩多为春寒秋凉时穿用。时兴长坎肩时，可过袄而长及膝下。披风为外出之衣，式样多为对襟大袖或无袖，长不及地。高级披风上绣五彩夹金线并缀各式珠宝，矮领，外加围巾。披风习惯上吉服以天青为面，素服以元青为面。

图 7-27　穿镶边长袄、裤或裙的女子（杨柳青年画中的女子形象）

下裳以长裙为主，多系在长衣之内。裙式多变，如有清初时兴的“月华裙”，在一裥之内，五色俱备，好似月色映现光晕，美不胜收；有“弹墨裙”，在浅色面料上用弹墨工艺印上小花纹样；有“凤尾裙”，在缎带上绣花，两边镶金线，然后以浅色线将各带拼合相连，宛如凤尾。之后不断改进，咸丰同治年间在原褶裙基础上加以大胆施制，将裙料均折成细裥，实物曾见有三百条裥者。幅下绣满水纹，行动起来，一折一闪，光泽耀眼。后来

①摹《芥子园画传·人物画谱》中冯箕仕女图

②摹胡锡《梅花仕女图》局部

图 7-28　内着衫、裙，外罩披风的女子

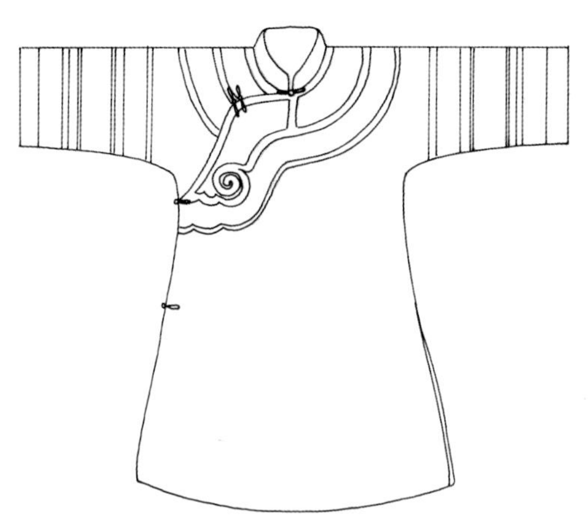

图 7-29　镶滚宽边大袄示意图

图 7-30　清代红地牡丹花闪缎镶边皮袄

衣长 95 厘米，两袖通长 138 厘米，袖宽 44 厘米，接袖宽 32 厘米，腰宽 68 厘米，裾长 21 厘米，镶边宽 22.5 厘米。传世实物，山东曲阜孔子博物馆藏。

此袄具晚清服饰特点。圆立领、大襟、右衽、平袖、左右开裾，领、襟镶七道边，袖镶五道边，其中一道花纹为钉绫织，缀六对喜字铜扣。面料为八枚三飞缎地，红地绿牡丹花纹，有闪色效果。灰鼠皮里。

在每裥之间以线交叉相连，使之能展能收，形如鱼鳞，因此得名为“鱼鳞裙”。有诗咏之：“凤尾如何久不闻，皮棉单夹费纷纭。而今无论何时节，都着鱼鳞百褶裙。”光绪后期又出现了裙上加飘带者，飘带裁成剑状，尖角处缀以金、银、铜铃，行动起来叮当作响。关于裙色，一般以红色裙子为贵，喜庆时节也讲究着红裙。这种服色偏好由来已久，并始终为中华民族所喜爱。丧夫寡居者着黑裙，若上有公婆而丈夫去世多年者，也可穿湖色、天青色等。

（三）裤子

只着裤而不套裙者，多为侍婢或乡村劳动女子。因上衣较长，着坎肩时坎肩也较长，所以裤子在衣下仅露出一截。腰间系带下垂于左，但不露于外。腰带初期尚窄而短，下垂流苏；后期尚阔而长，带端施绣花纹作装饰。

（四）云肩

清代普遍佩用的装饰性衣物，形似如意，披在肩上。其式样较早见于唐代吴道子的《送子天王图》和金代的《文姬归汉图》，元代永乐宫壁画中也曾出现，敦煌壁画供养人像上更留下了众多形象资料。明代已见于士庶女子之间，可作为礼服。清初妇女在行礼或新婚时作为装饰，至光绪末年，由于江南妇女低髻垂肩，恐头油污衣服，遂为广大妇女所应用。尤侗《咏云肩》诗说：“宫妆新剪彩云鲜，袅娜春风别样妍。衣绣蝶儿帮绰绰，鬓拖燕子尾涎涎。”【图7-31至图7-38】

镶滚彩绣是满汉女服融合后衣服装饰的一大特色。通常是在领、袖、前襟、下摆、衩口、裤

图7-31　佩云肩的贵妇（摹吴道子《送子天王图》局部）

①《六十仕女图》(局部)，仇英(明)

②《乔元之三好图》(局部)，禹之鼎(清)

图 7-32　佩云肩的女子

图 7-33　清代宫中演戏的写真册页

故宫博物院藏。

此册页记载了清代戏剧演出的舞台场景，册页中女子身着带有云肩的戏衣。

图 7-34　清代绿暗花绸云肩镶边绣花棉袄

衣长 83 厘米，两袖通长 140 厘米，袖宽 30 厘米，腰宽 64 厘米，下摆宽 83 厘米，接袖宽 11 厘米，镶边宽 9.2 厘米。

传世实物，山东曲阜孔子博物馆藏。

此为圆立领、大襟、右衽，有白缎刺绣花卉图案和花边构成四合如意形云肩。平袖，接花边，并镶青缎钉金、刺绣花卉边构成的挽袖，左右开裾，裾顶端镶滚如意头形。

面料为暗花绸，纹饰为暗八仙、云纹。红素绸里。

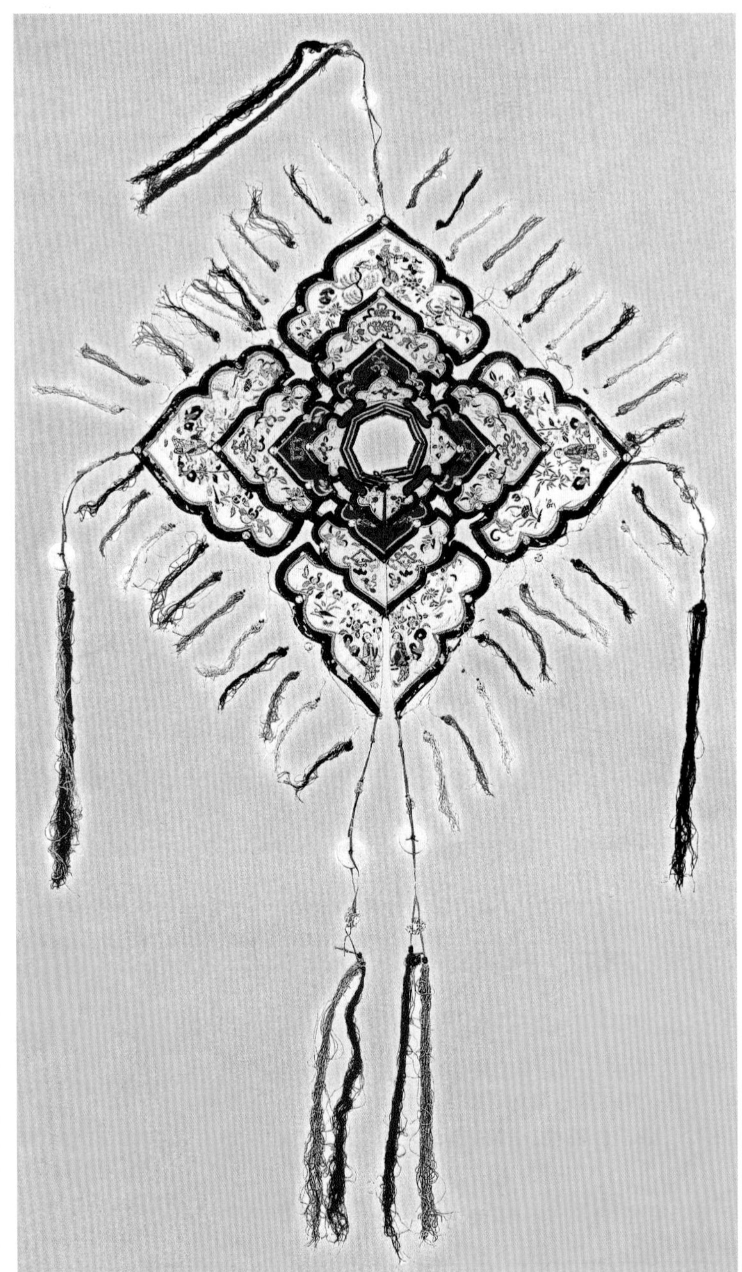

图 7-35　清代云肩一

两肩通宽 68 厘米。

传世实物，何志华先生收藏。

此云肩为北方民间妇女服用，由十几块刺绣的如意头形绣片缝缀四层而成。形式为立领、前开襟，四角缀有银饰、玉坠的长条穗，四周缀各色条穗。

图 7-36　清代云肩二

通高 58 厘米，两肩通宽 53 厘米。

传世实物，私人收藏。

此为清代广东地区流行的黑缎地彩绣花卉纹，花瓣、如意头形，两层缝制而成的云肩。形式为立领、开襟、无穗。

图 7-37　清代云肩三

两肩通宽 84 厘米。

传世实物，何志华先生收藏。

此为清代山西地区老年妇女服用的云肩，为黑缎地彩绣花蝶纹，镶滚单层如意头形云肩。四周镶滚宽花纹花边，四周如意头角及转云处缀橘红色丝穗。

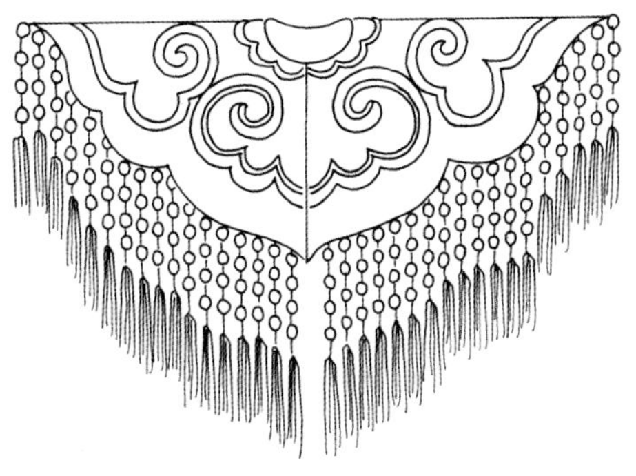

图 7-38　云肩示意图

管等边缘处施绣镶滚花边，很多是在最靠边的一道留阔边，镶一道宽边，紧跟两道窄边，以绣、绘、补花、镂花、缝带、镶珠玉等手法为饰。早期为三镶五滚，后来越发繁阔，发展为十八镶滚，以至连衣服本料都显见不多了。

（五）配饰

除以上所述衣服外，尚有手笼、膝裤、手套、腰子等配饰，多以皮毛作边缘。遵从满族游牧生活的草原遗风，女子也像男子一样，大襟处佩戴耳挖勺、牙剔、小毛镊子、成串鲜花或手绢，并以耳环、臂镯、项圈、宝串、指环等作为装饰。只是女子多挂在大襟，而男子多挂在腰间。

（六）发型

发型常讲究与服式相配。清初满族与汉族女子各自保留本民族形制，满女梳两把头，满族人称“达拉翅”。汉女留牡丹头、荷花头等。中期，汉女仿满宫女以高髻为尚，发型有叉子头、燕尾头等。清末又以圆髻梳于脑后，并讲究光洁，未婚女子梳长辫、双丫髻或二螺髻。至光绪庚子以后，原先作为幼女头式的刘海儿已不分年龄大小了。女子头发上喜戴鲜花或翠鸟羽毛。红绒绢花为冬季尤其是农历新年时饰品，各种鲜花则是春夏秋季的天然装饰品。北方成年妇女常在髻上插银簪，南方成年妇女则喜欢横插一把精致的木梳。平时不戴帽。北方天寒时，老少妇女都喜欢戴貂毛翻露于外的“昭君套”，南方一带则大多戴兜勒，或称脑箍，在黑绒上缀珠翠绣花，以带子结于脑后。【图 7-39、图 7-40】

图 7-39　梳两把头、戴耳饰的女子（传世照片）

（七）鞋式

鞋式旗汉各异。旗女天足，着木底鞋，底高一两寸或四五寸，高跟装在鞋底中心。鞋底形似花盆者为“花盆底”，形似马蹄者为“马蹄底”。木底鞋一说为掩女子天足，一说为增高体形，实际上体现出了一族之风，原本是因为游牧生活天寒时地也湿冷，故穿底较厚的木鞋，以抵御风寒。汉女缠足，多着木底弓鞋，鞋面多刺绣、镶珠宝。南方女子着木屐，娼妓喜镂其木底贮香料或置金铃于屐上。

因这一时期民间木版年画盛行，所以留下了很多婴戏图中的儿童服式。清代是中国封建社会的最后一个王朝，其服装风格包含了中原及北部草原的传统。这之后，中国的服装史展开了新的一页。

图 7-40　清代女子发髻花饰（天津杨柳青年画中形象）

第八章

西服东渐——20 世纪前半叶汉族服装

按以往历史分期，从清末1840年鸦片战争起至1919年五四运动以前，属于中国近代时期，五四运动以后进入现代。本书为考虑服装流行的独特分期，在这一部分中主要论述民国建立至中华人民共和国成立这段时间的服式。这段时间基本上处于20世纪前半叶，包括封建社会、近代和现代。

伟大的民主主义者孙中山是中国新兴资产阶级的代表，在孙中山领导下，中国人民包括资产阶级革命派做了艰苦卓绝的革命工作，多次举行武装起义，终于推翻了封建社会最后一个王朝——清朝政府，结束了两千多年的封建帝制，于1912年创立了民主共和国。

民国推翻清朝，服装为之一变，这不仅取决于朝代更换，也是受西方文化冲击所产生的必然结果。早在19世纪末，一批资产阶级改良主义者曾联名上书，建议变法革新，其内容既关乎政治大事，也关乎服饰民俗。如康有为在《戊戌奏稿》中称："今为机器之世，多机器则强，少机器则弱……然以数千年一统儒缓之中国褒衣博带，长裙雅步而施之万国竞争之世……诚非所宜矣！"并要求皇帝："皇上身先断发易服，诏天下同时断发，与民更始。令百官易服而朝，其小民一听其便。则举国尚武之风，跃跃欲振，更新人气。光彻大新。"结果，统治者只在警界与部队之中推行新装，而不允许各业人士随意易服。但随着留学生游历外洋，视野扩大，还是不可避免地出现了着西服、剪辫发的必然趋势。

戊戌变法中提出改制更服未能成功，宣统初年的外交大臣伍廷芳再次请求剪辫易服也未能奏效，但辛亥革命终于使得近三百年辫发陋习除尽，也废弃了烦琐衣冠，并逐步取消了缠足等对妇女束缚极大的习俗。20世纪20年代末，民国政府重新颁布《服制条例》，其内容主要为礼服和公服；30年代时，妇女装饰之风日盛，服装改革进入了一个新的历史时期。

一、男子长袍与西服

这时期男子服装主要为长袍、马褂、中山装及西装等，虽然取消了封建社会的服装禁例，但各阶层人士的装束仍有明显不同，这主要取决于其经济水平和社交范围的差异。另外，由于年龄、性格、职务、爱好的不同，以及同一时代风格之中求新求异，服装根据场合、时间分早装、晚装、礼服、便服等不同款式。这时的男子已普遍剪去辫子、留短发，下面对几种常见装束进行分述。

（一）常见装束之一

身穿长袍、马褂、中式裤子，头戴瓜皮小帽或罗宋帽，脚蹬布鞋或棉靴的装束。民国初期裤式宽松，裤脚以缎带系扎。20世纪20年代中期废扎带，30年代后期裤管渐小，恢复扎带，带子缝在裤管之上。这类服式是中年人及公务人员交际时的常见装束。【图8-1】

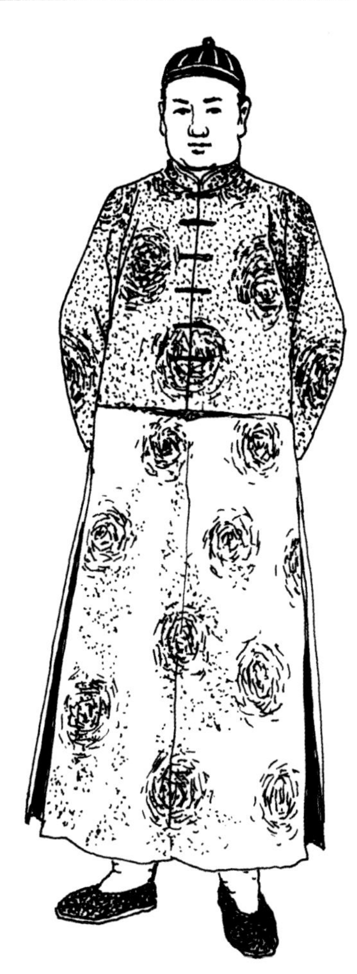

图8-1　穿长袍马褂、戴瓜皮小帽的男子（参考传世照片绘）

图 8-2　穿西装、戴礼帽的男子（参考传世照片绘）

（二）常见装束之二

身穿西服，脚蹬革履，头戴礼帽的装束。礼帽为圆顶，下有微微翻起的宽阔帽檐，冬用黑色毛呢，夏用白色丝葛，是与中西服皆可配套的庄重首服。这是青年或从事洋务者的常见装束。【图 8-2】

（三）常见装束之三

身穿学生装，头戴鸭舌帽或白色帆布阔边帽的装束。学生装明显接近清末引进的日本制服，而日本制服又是在欧洲西服基础上派生出来的。式样主要为直立领，胸前一个口袋。这类服装一般为资产阶级进步人士和青年学生所穿着。【图 8-3、图 8-4】

图 8-3　穿学生装的男子照片

图 8-4　穿学生装的男子（参考传世照片绘）

这时期最具代表性的男子服装形象。【图 8-6】

（四）常见装束之四

身穿中山装的装束。中山装是基于学生装而加以改革的国产形制，据说因孙中山先生率先穿用而得名。在民国十八年(1929)制定国民党宪法时，曾规定特、简、荐、委四级文官宣誓就职时一律穿中山装，以示奉先生之法。其样式原为九纽，胖裥袋，后根据《易经》、周代礼仪等内容寓以含义，如依据国之四维（礼、义、廉、耻）而确定前襟四个口袋，依据国民党区别于西方国家三权分立的五权分立（行政、立法、司法、考试、监察）而确定前襟五个扣子，依据三民主义（民族、民权、民生）而确定袖口必须为三个扣子等，在西装基本式样上掺入了中国传统意识。【图 8-5】

（五）常见装束之五

身穿长袍、西装裤，头戴礼帽，脚蹬皮鞋的装束。这是 20 世纪 30 年代至 40 年代较为时兴的一种装束，也是中西结合非常成功的一套男子装束。既不失民族风韵，又增添潇洒英俊之气，文雅之中显露精干，是

（六）常见装束之六

身穿军警服的装束。这一时期军警服式变化较多，在此仅举几例。北洋军阀时期，直、皖、奉三系军服为英军式装束。当年军官披绶带，原取五族共和之意而用五色，民国四年（1915）时改成红、黄两色。胸前佩章，

图 8-5　穿中山装、戴遮阳帽的男子（参考传世照片绘）

图 8-6　身穿长袍、西装裤，脚蹬皮鞋，头戴礼帽，系围巾的男了（参考传世照片绘）

文官为嘉禾，寓五谷丰登；武官为文虎，即斑纹猛虎，寓势不可当。首服有叠羽冠，料用纯白色鹭鸶毛，一般为少将以上武官戴用，有些场合校级军官也用。军服颜色，将官以上服海蓝色，校官以下着绿色。国民党军服分便、礼两种，便服作战穿，制服领，不系腰带；礼服则为翻领，美式口袋，内有领带，外扎皮腰带，大壳帽。宪兵戴白盔，警察着黑衣黑帽，加白帽箍、白布裹腿，这些都是辛亥革命遗留下来的标志性装束，以示执法严肃。【图 8-7】

至于民间，由于地区不同，自然条件不同，接受新事物的程度也不尽相同，因此服装的演变进度显然有差异。如偏僻地区的老人到 20 世纪中叶仍留辫，扎裤脚。很多农村人到新中国成立以后依然着大襟袄、中式裤、白布袜、黑布鞋，佩烟袋、荷包、钱袋、打火石等，头上蒙白毛巾或戴毡帽，出门戴草帽、风帽等。城市中的一些老年妇女直至 20 世纪 60 年代仍有着大襟袄、梳盘头、穿缠足尖头鞋的，甚至到 90 年代，这种装束依然存在。【图 8-8】

图 8-7　穿军服的将官（参考蔡锷将军任云南都督时摄影照片绘）

图 8-8　戴瓜皮小帽、穿对襟坎肩、扎裤管的男子（参考传世照片绘）

二、女子袄裙、旗袍与发式

这时期女子服装变化很大，主要出现了各式袄裙与不断改革的旗袍。

（一）袄裙

民国初年，由于留日学生较多，国人服装样式受到很大影响，如多穿窄而修长的高领衫袄和黑色长裙，不施纹样，不戴簪钗、手镯、耳环、戒指等饰物，以区别于20世纪20年代以前的清代服装而被称之为“文明新装”。进入20年代末，因受到西方文化与生活方式的影响，人们又开始趋于华丽服装，并出现了所谓的“奇装异服”。《海上风俗大观》记载：“至于衣服，则来自舶来，一箱甫启，经人道知，遂争相购制，未及三日，俨然衣之出矣……衣则短不遮臀，袖大盈尺，腰细如竿，且无领，致头长如鹤。裤亦短不及膝，裤管之大，如下田农夫，胫上御长管丝袜，肤色隐隐。……今则衣服之制又为一变，裤管较前更巨，长已没足，衣短及腰。”从保存至今的实物和照片资料来看，一般是上衣窄小，袖长不过肘，袖口似喇叭形，衣服下摆成弧形，有时也在边缘部位施绣花边。后来裙子缩短至膝下，取消折裥而任其自然下垂，也有在边缘绣花或加以珠饰的。【图8-9至图8-11】

图8-9　穿短袄套裙的女子（参考传世照片绘）

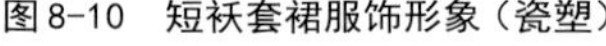

图 8-10　短袄套裙服饰形象（瓷塑）

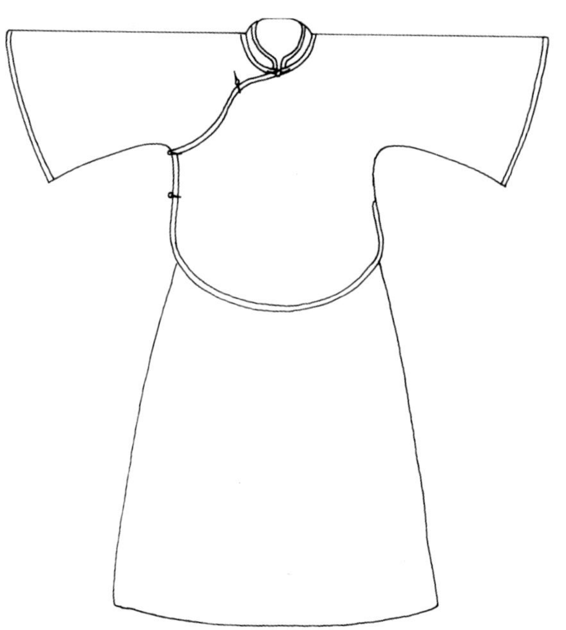

图 8-11　短袄套裙示意图

（二）改良旗袍

旗袍本意为旗女之袍，实际上未入八旗的普通人家女子也穿这种长而直的袍子，故可理解为满族女子的长袍。清末时这种女袍仍为体宽大，腰平直，衣长至足，加诸多镶滚的样式。20 年代初，长袍普及到满汉两族女子，只是袖口逐渐窄小，边缘渐窄。20 年代末由于受外来文化影响，长袍明显缩短长度，收紧腰身，至此形成了富有中国特色的改良旗袍。旗袍衣领紧扣，曲线鲜明，加以斜襟的韵律，从而衬托出端庄、典雅、沉静、含蓄的东方女性芳姿。不仅如此，旗袍还经济便利、美观适体，镶珠施绣可显雍容华贵，一块素粗布也能够出现雅致俏丽的效果。这种上下连属、合为一体的服装款式隶属古制，但从古以来的中国妇女服装，基本上采用直线，胸、肩、腰、臀完全呈平直状态，没有明显的曲线变化。直到 20 年代末，中国妇女才领略到“曲线美”而改变其传统，将衣服裁制得称身适体。女子身穿旗袍，加上高跟皮鞋的衬托，越发体现出女性的秀美身姿。【图 8-12、图 8-13】

（三）仍在不断变化的旗袍

旗袍先时兴高领，后又为低领，低到无法再低时，索性将领子取消，继而又高掩双腮。袖子时而长过手腕，时而短及露肘，40年代时去掉袖子。衣长时可及地，短时至膝间。并有衩口变化，开衩低时与膝平齐，开衩高时在臀部高点往下25厘米左右处。40年代时省去烦琐装饰，使之更加轻便适体，并逐渐形成特色。这期间女服除旗袍以外，还有许多名目，如大衣、西装、披风、马甲、披肩、围巾、手套等，另佩有胸花、别针、耳环、手镯、戒指等。【图8-14、图8-15】

图8-12　民国改良旗袍（参考传世照片绘）

①中袖筒身式（民国早期）

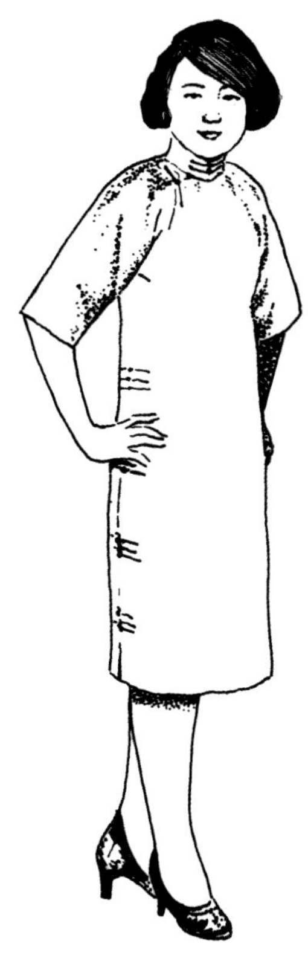

②短袖紧身及膝式（民国中期）

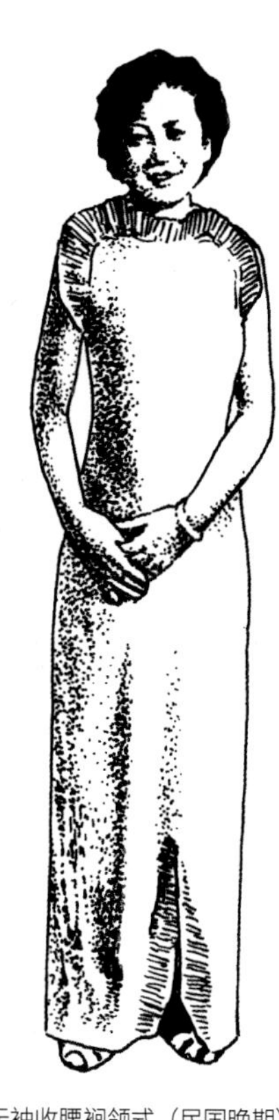

③无袖收腰裥领式（民国晚期）

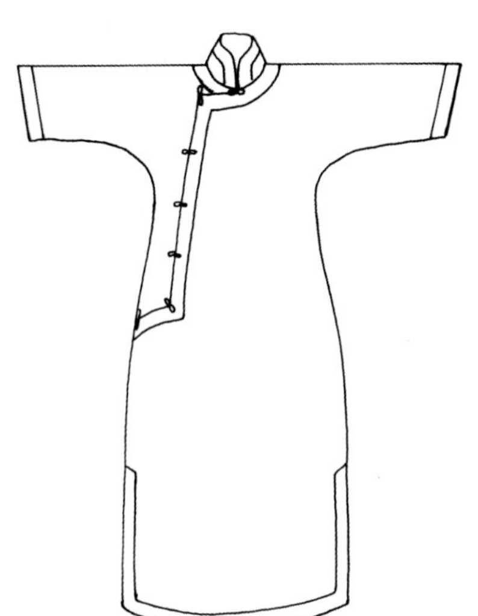

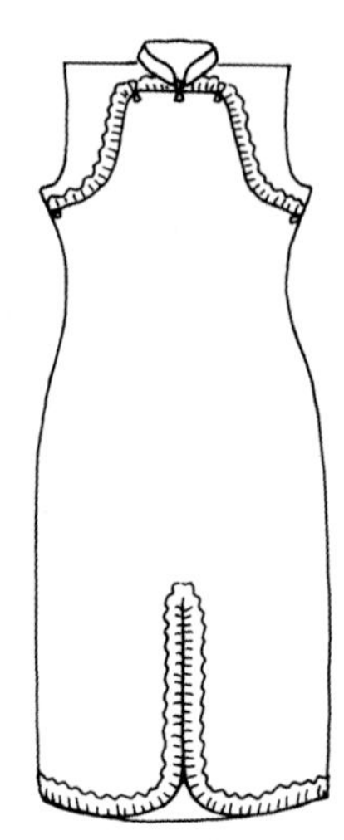

图 8-13　改良旗袍示意图

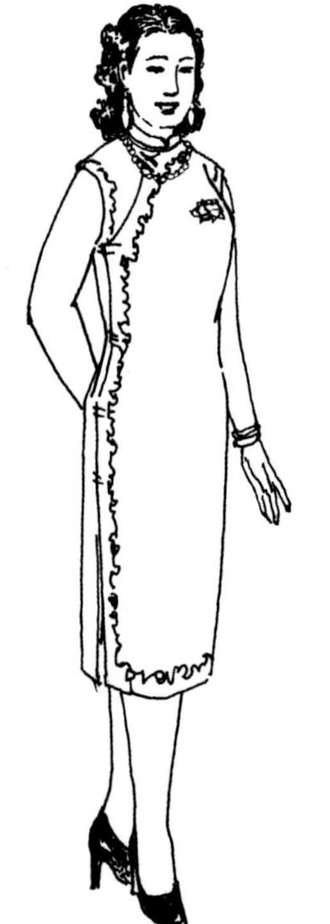

图 8-14　烫发，穿改良旗袍，蹬高跟鞋，佩胸花，戴项链、耳环等饰品的女子（参考传世照片绘）

（四）发式

发式有螺髻、舞风、元宝等，在民国初年流行一字头、刘海儿头和长辫等，20 年代时兴剪发，以缎带扎起，或以珠宝翠石和鲜花编成发箍。30 年代烫发开始流传到中国。烫发后别上发卡，身穿紧腰大开衩至膝上旗袍，佩项链、胸花，戴手镯、手表，腿上套透明高筒丝袜，足蹬高跟皮鞋，也成为这一时期中西结合较为成功的女子服装形象。

廣生行
有限 公司
KWONG SANG HONG LTD.
250&252 DES VOEUX ROAD CENTRAL, HONGKONG.

图 8-15　改良旗袍

第九章

群芳争艳——少数民族特色服装

中国是一个统一的多民族国家，除汉族以外的55个兄弟民族，分布地区很广，人数只占全国总人数的6%，因而习惯上称其为少数民族。有些地区以一族为主，如西藏、新疆、内蒙古等地；有些地区却杂居20余个少数民族，如云南即是中国民族最多的省份。

自古以来，各民族人民一道奋斗在这块大地上，共同开拓了辽阔的疆域，发展了繁荣的经济，创造了灿烂的文化。少数民族多居住在边疆地区，在保卫祖国的正义战争中历尽艰辛，屡建功勋，并以其各具特色的艺术风格将祖国艺术宝库点缀得多姿多彩、五光十色。

在服装中，各少数民族因受其地理条件、气候环境、传统意识的影响，故而在漫长的岁月中形成了自己的服装风格。20世纪50年代末，由于工业文明还未渗入少数民族居住地区，各民族的服装风格最为成熟，也基本上各自保留了本民族服装特点。当然，因邻近民族的频繁交往互受影响，同一地区的不同民族因其客观条件近似，服装会有许多共同之处，但细分起来又有差异。下面按地区分民族述其服装的主要特色。

一、北方民族服装

（一）黑龙江省、吉林省与辽宁省民族服装

1. 朝鲜族服装

女子着长裙与短袄，上衣以直线构成肩、袖、袖头，以曲线构成条形领子，下摆与袖笼呈弧形。年轻女子上衣长30厘米左右，年长者袄长渐增，但一般不及腰，袄的领条多用彩色绸带。在胸前领下打结的领带，更是多用红色等鲜艳颜色，上衣颜色以黄色、白色、粉红色等浅颜色为主。下裳为细褶修长的裙子，裙腰与短袄内有小背心相连，长度不一。年轻女子裙长过膝盖，婚后多长及足踝。男子上衣结构与女服相同，但上身衣服多长及腰下，再外罩深色对襟坎肩。【图9-1、图9-2】

2. 满族服装

由于满族是清代主流民族，其服装特色已在清代章节中叙述。此处不赘述。

3. 鄂伦春族服装

男女均以皮袍为主，很多是以不挂面的皮筒子制成。冬季与

图 9-1　朝鲜族青年与中年妇女服装

图 9-2　朝鲜族男子服装

春季穿用的皮袍称“苏思”与“古拉密”。无论男女老少都头戴皮帽。其中一种冬天狩猎时用的狐皮大帽，能遮住半个身体，适宜零下 40℃的寒冷天气。制作时要用四张狐皮、2.3 米色布、250 克棉花，再加七八条各种颜色的绾带和装饰绦带，最大的狐皮大帽竟有两公斤重。还有一种用完整的狍子头制作的帽子，成人与儿童均可戴，是这一民族最有特色的首服。鄂伦春族一年中多穿鱼皮靴，戴鱼皮绣花手套。儿童还常以贝壳为饰。【图 9-3】

图 9-3　鄂伦春族服装

4. 达斡尔族服装

男子大襟长袍，常于袍子前襟下摆处正中开衩，以便于乘骑。衣服边沿处均有云纹或八宝纹装饰。腰间束宽大的腰带，一侧打结或打结后下垂。脚蹬绣花皮靴，喜将靴筒翻下来显露背面花纹，以形成特有的装饰。男子平日喜佩短刀为饰，戴动物头形皮帽。女子也是大襟长袍，与男装近似，只是喜欢在袍衫之外套深色绣花坎肩，头上戴头巾。【图 9-4】

图 9-4　达斡尔族男女服装

5. 鄂温克族服装

男子着大襟长袍，袍襟、袖、领处镶很宽的花边。腰间系宽腰带，头戴毡帽或礼帽，足蹬皮靴。女子也着大襟窄袖紧腰身长袍，袍子下部宽大多褶呈敞开形。头戴阔边毡帽或筒帽，帽顶上结红缨自然垂下，这是鄂温克女子的典型装饰。【图 9-5】

6. 赫哲族服装

男女多穿鱼皮、鹿皮等皮衣

图 9-5　鄂温克族男女服装

和鱼皮长衫，内有鱼皮套裤，脚蹬鱼皮靰鞡。冬日戴皮帽，着宽大且厚的皮袍。【图 9-6】

图 9-6　赫哲族女子服装

（二）内蒙古自治区民族服装

蒙古族服装：男女服装均为大襟长袍，边缘以宽边为饰。最有特色的是摔跤服。上身穿革制绣花坎肩，边缘嵌银质铆钉，后背中间嵌有圆形银镜或吉祥文字。腰围上是特制的宽皮带或绸腰带，皮带上亦嵌有两排银钉。坎肩领口处还有五彩飘带，其随风飘扬之势与坚如铠甲的坎肩达到完美的统一。下身穿白布或彩绸制成的长裤，宽大多褶。外套吊膝，一律缘边绣花，膝盖处绣花纹并补绣兽头，更增添了几分威武之气。头上不戴帽或缠红、蓝、黄三色头巾。脚下蹬布制“马海绣花靴”或“不利耳靴”。这种摔跤衣在某些地区被称为“昭得格”，蒙古族青年穿上它，愈显威武、英俊、剽悍。【图 9-7】

（三）宁夏回族自治区民族服装

回族服装：男子一般为长裤、长褂，秋凉之际外罩深色背心，白衫外缠腰带，最大特点是头上戴白布帽。女子服装与汉族类似。女子一般多蒙头巾，而且裹得很严，有些裹及颏下。【图 9-8】

图 9-7　蒙古族摔跤服

图 9-8　回族男女服装

（四）新疆维吾尔自治区民族服装

1. 维吾尔族服装

男子着竖条纹长衫，对襟，不系扣。腰间以方形围巾双叠系扎，呈下垂三角形装饰，内衣侧开领。女子着分段缬丝绸长衫，领子有大开领、圆领或翻领，但以翻领为多。男女老少均戴小帽，这种花帽成为维吾尔族人的典型首服。小帽一般为四棱形、六角形或圆形，戴在头部侧后方。【图 9-9】

图 9-9　维吾尔族男女服装

2. 乌孜别克族、柯尔克孜族、塔塔尔族、塔吉克族的服装

乌孜别克族、柯尔克孜族、塔塔尔族、塔吉克族服装和新疆地区维吾尔族的服装基本一致，只是稍有一些自己的特色，如柯尔克孜族首服很典型，几乎都带翻檐毡帽。此帽顶部为白色，檐部为黑色，黑色宽檐外卷，内有黑色细带绷于帽顶，前后左右四条在帽顶端相交，成十字装饰。塔吉克族女子无论多大年纪，均戴一顶用白布或花布做成的圆顶绣花小帽，前边有宽立檐，立檐上有银饰，并从顶上垂下一圈珠饰。花帽缀有后帘，有的还在帽上装一个向上翘的翅，可以上下翻动。【图9-10至图9-13】

3. 俄罗斯族服装

男子基本上着西服、领带。女子喜穿长及膝下、下摆肥大且多褶的连衣裙。【图9-14】

4. 哈萨克族服装

女子着紧身连衣裙，裙下摆与袖口等处喜欢加三层飞边皱褶。最讲究的是帽顶插羽毛，尤尚插猫头鹰毛。【图9-15】

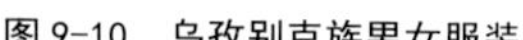

图9-10　乌孜别克族男女服装

图 9-11　柯尔克孜族男女服装

图 9-12　塔塔尔族男女服装

图 9-13　塔吉克族男女服装

图 9-14　俄罗斯族男女服装

图 9-15　哈萨克族男女服装

5. 锡伯族服装

男子着装兼有满族、蒙古族特点。女子的服装类似维吾尔族的服装。【图 9-16】

（五）甘肃省与青海省民族服装

1. 裕固族服装

女子服装很有特色，一般为大襟长袍，袍边缘镶很宽的多层花边，并在彩绣之外加缝花辫。腰间束带。有两条宽带自背后搭至胸前，另有一条垂在背后，非常精致美观，谓之“头面”，重达 3 公斤多，有的长可及地。“头面”的具体做法是将头发梳成三条小辫，用三条镶有银牌、珊瑚、玛瑙、彩珠、贝壳等装饰物的宽带分别系在辫子上。每条“头面”又分三段，以金属环连接起来。女子平日头戴喇叭形尖顶帽，帽顶垂红穗。盛装中耳环、珠穗垂至腰间，项链为几串挂珠。脚蹬长筒革靴。【图 9-17】

图 9-16　锡伯族女子服装　　图 9-17　裕固族男女服装

2. 保安族、东乡族、撒拉族服装

初期这三个民族的服装有些近似蒙古族的服装，但后来又基本与回族的服装相同，其中首服最接近回族。【图 9-18】

3. 土族服装

土族人重视装饰。不仅耳坠大、长，造型复杂，做工精良，以珠穗垂至胸前，项链、手镯多为银饰，而且在服装的款式、图案、色彩上也异常考究。土族服装表现最突出的一点，即是色彩鲜艳、明快，对比强烈，其用色之纯净大胆，为各民族之首。【图 9-19】

（六）西藏自治区民族服装

1. 藏族服装

男子皮袍较肥大且袖子很

图 9-18　保安族男女服装

长，腰间系带。穿着时，常喜褪下一袖露右肩，或是干脆褪下两袖，将两袖掖在腰带之处。女子平时穿斜领衫，外罩无袖长袍，腰间围长彩条，即藏语中所称的“邦单”。腰间有诸多银佩饰与挂奶钩，并喜耳环、手镯等饰件。以颈、胸及腰部的佩饰，如佛珠、银牌、银链、银环等最为精美，品种形式繁多。【图 9-20】

2. 门巴族、珞巴族服装

与藏族服装非常近似，女子尤喜欢全身挂满不同质料、不同颜色的饰件，走起路来会发出有节奏的声响。【图 9-21 至图 9-23】

图 9-19　土族男女服装

图 9-20　藏族男女服装

图 9-21　门巴族男女服装

图 9-22　珞巴族男子服装

图 9-23　珞巴族女子服装

二、南方民族服装

（一）四川省与贵州省民族服装

1. 羌族服装

最能体现羌族服装特色的是男女都穿羊皮坎肩，这种坎肩毛皮朝里，肩部与前襟下摆等处露出长长的羊毛。前襟一般不系，只是敞开。肩头等边缘之处有的以线缝出图案，有的是排列整齐的针码，它们具有一种原始艺术的美感。【图 9-24】

图 9-24　羌族男女服装

图 9-25　彝族男女服装

2. 彝族服装

最具彝族特色的服装是男子头扎“英雄结”，身披“擦尔瓦”。“英雄结”是以长条布缠头时，在侧前方缠成一根高高翘起的锥形长结。长结长 10 厘米至 30 厘米不等，多作为青年男子头饰，故得名。擦尔瓦是彝族人喜披的一种披风，一般以羊毛织成，染成黑、蓝、黄、白等色。披风上彩绣边饰，并沿下摆结穗。女子多穿彩条袖子的窄袖长衫，外套宽缘边的深色紧身小坎肩。下身为几道横条布料接成的百褶裙，这种裙子上半部适体，下半部多褶，既突出女子形体，又增添了几分婀娜姿态。头饰为一小方巾搭于头上，再将辫子盘在巾上，最后以珠饰系牢。【图 9-25】

3. 苗族、水族、侗族和布依族服装

这四个民族的男服基本一致，主要为对襟上衣、长裤，有时外罩背心，或着彩绣胸衣。女子服装则各有特色，如苗族女子讲究佩戴银饰，以银铸成双角状头饰，高高竖在头上。水族女子通身服装以黑色为主。侗族女子喜着长衫短裙，上衣为半长袖，对襟不系扣，中间敞开一缝，露出里面的绣花兜兜。下身穿短式百褶裙，裙长仅及膝盖，小腿部裹蓝色或绣花布。布依族已婚妇女则讲究用竹皮、笋壳与青布做成“假壳”戴在头上，“假壳”向后横翘尺余，是很特殊的首服形式。【图 9-26、图 9-27】

图 9-26　苗族男女服装

图9-27　布依族男子、少女与已婚妇女服装

（二）云南省民族服装

1. 佤族、景颇族、纳西族、基诺族、德昂族、傣族、白族的服装

佤族、景颇族、纳西族、基诺族、德昂族、傣族、白族的男子服装基本相同，都是对襟、短衣、长裤，头缠包头巾，腰缠布腰带。女子服装却明显各具特色。如佤族女子首服较有特色，多以布或金属做成头箍，最喜用红布或银质，并习惯在小腿和腰间绕藤圈。景颇族女子多上身着黑色圆领窄袖长上衣，下身着红色景颇锦裙或花色毛织短筒裙。尤为突出的是喜用光亮夺目的银泡、

银扣、银链、银片、银币等饰物，其中又以胸前银饰最美。纳西族女子均披一件羊皮披肩，被称为“披星戴月”。披肩呈片状，上宽，腰细，下为垂花式，披肩镶饰着两大（在肩部象征日、月）七小（一排象征星星）共九个以彩色丝线绣得十分规则精致的扁平圆盘，每个小圆盘中垂下一带，可系扎所背之物，整个披肩以白色宽带相绕结于胸前。基诺族女子上衣极短，多为深色，衣服的绝大部分面积用彩色布条镶缝成横条图案，袖子缝彩条与花斑布，以至于几乎寻不到衣服的本来面料。下身为宽缘边加缝补花的前开合筒裙，裙很短，仅及膝下。小腿打裹腿或不裹，着草鞋或赤脚。最有特色的是帽子，多戴一种尖顶帽，颇似口袋少缝一边而罩在头上。帽子竖起一尖，而下边如披巾，是很典型的一种尖顶帽式。德昂族女子腰胯之间有藤圈，而且重重叠叠，难以计数，有宽有窄，并涂上红、绿、黄等彩色油漆。并且有贝饰穿缀的头罩和尾饰。傣族女子上衣多为长袖或短袖薄衣，通常是无领，衣长仅及腰，有对襟与侧竖襟等样式。颜色多为白色、浅粉红色、黄色和浅底素花色等，侧面有小开衩，胸前以纽扣相系。下身为裙，裙长多及足，是一种简洁洒脱的筒裙。平时不系腰带，用手将一角捻成结，向另一方相掩，然后掖入腰间。头上盘髻，喜插鲜花、梳子等头饰，脚上着屐或赤脚。白族女子着浅色窄袖上衣，外罩宽缘边斜竖领或大襟坎肩，最喜红色，下着深色长裤，裤管略肥短。胸前围一彩绣围腰，腰带上满绣各种花卉。头上有一横宽条状头饰罩住发髻，头饰上垂下长长的穗，有的长及后背中部。

【图 9-28、图 9-29】

图 9-28　纳西族男女服装

2. 独龙族服装

男女服装非常近似，均为齐膝长袍，外罩坎肩。或是长衣、短裤、裹腿、赤脚。最有特色的是男女老少都身披一件带条纹装饰的独龙毯。【图 9-30】

3. 普米族服装

男子服装与藏族服装近似，女子则在长的百褶裙腰间缠多层鲜艳的彩条腰带，有些似蒙古族服装风格。

图 9-29　基诺族女子服装

图 9-30　独龙族男女服装

（三）广西壮族自治区民族服装

1. 壮族服装

男女均喜着白色或其他浅色的上衣，多为对襟、扣袢。下身为黑色肥裤管长裤，赤脚或着草鞋。男子首服多戴斗笠，女子则以花头帕绾于头上。

2. 京族服装

男女装束均上为无领长袖紧身浅色衣，下为肥管深色长裤，头戴直三角尖顶斗笠，多赤脚，颇具渔乡着装之风。【图 9-31】

3. 毛南族、仡佬族、仫佬族服装

这三个民族的男子服装兼有

图 9-31　京族男女服装

汉族与西南诸族服装的风格，女子服装与汉族近代服装相差无几。只是毛南族的花竹帽是著名的民族工艺品，被称为“顶卡花”。它由毛南乡出产的金竹、水竹破篾后编织而成，分表里两层进行复合加工，并于帽底编花，直径50厘米至60厘米，做工极为精致。不仅为毛南族男女老少常戴之晴雨两用首服，而且还是姑娘装束中最重要的装饰品，尤其男女青年相恋时更是不可缺少的定情物。仡佬族和仫佬族的蜡染工艺水平极高。【图9-32】

4. 瑶族服装

因瑶族人散居几处，故而不能笼统地将其服装风格归纳为一种。与其交往的民族常根据其生产方式、居住地区和服装特点等来称呼他们，如“盘瑶”“红瑶”“蓝靛瑶”“八排瑶”“茶山瑶”“白裤瑶”“花头瑶”等。【图9-33】

图9-32　毛南族男女服装

图 9-33　瑶族男女服装

图 9-34 畲族男女服装

（四）福建省、广东省、台湾地区、湖南省民族服装

1. 畲族服装

男女服装与汉族近代服装类似，其中特色头饰是畲族女子的“凤凰冠”。该头饰以大红、玫瑰红绒线缠成统一形状固定于头上，与辫发相连。如果全身衣饰都有大红、桃红夹着黄色线刺绣花纹，并镶金丝银线，就是象征着凤凰的颈、腰等处美丽的羽毛；全身悬挂着叮当作响的银器，象征着凤凰的鸣啭。这一套衣服叫作“凤凰装”。【图 9-34】

2. 黎族服装

女子着窄袖紧身短衣，两片前襟自领口直线而下，分而隔之地并排垂于胸前，里面有一件横领内衣与外衣长度相等。下着齐膝短裙，呈筒裙式。男子服装风格粗犷，除着包头巾、对襟衣以外，还常上着掩襟短衣，下着短裤或类似三角形短裤，光腿赤足。

3. 高山族服装

男子多着对襟无袖长衣，类似长坎肩，前襟缝绣对称宽条布，

以红条状为主，肩头与腰带亦为红色。下身着长裤或裸腿，多赤足。头巾多用红色布，裹成筒状，一端从头侧垂下过耳或及肩。传统服式有宽肩无袖对襟或侧斜襟上衣，身上、头上皆以贝壳、兽骨、羽毛为饰，颇具原始风致。女子装束近似汉族与黎族的装束，有长衣、长裤和对襟衣、短裙等不同风格，也喜以贝壳为饰。高山族雅美人，在参加盛典时，头顶银盔，身着椰皮编织成的背心，胯股部束丁字带，是一种格外利落粗犷的服式。【图 9-35】

图 9-35　高山族雅美人盛装

4. 土家族服装

男女对襟或大襟上衣，宽缘边，多纽扣。长裤，亦有缘边，一般为云纹。土家族服装中的“土家锦”是一种通经断纬，丝、棉、毛线交替使用的特色五彩织锦。

纵观 55 个少数民族的服装，都充分体现出了各民族人民的信仰、偏好，特别是能工巧思，以及奇思妙想。如果对其寓意进一步探究的话，就会发现每一种特色服装几乎都有着美妙的传说，其中不乏郑重的图腾。正因为有着如此深厚的意蕴，才使我们中华民族的服装多了许多文化的色彩，以至永远绽放五彩的花朵。

接下来：灿烂进行中

对于中国服装来说，发展到20世纪中叶，只是经历了古代和近现代，还没有到当代。1949年中华人民共和国的成立，标志着它进入了一个崭新的历史时期。这是一个以工人阶级为领导、以工农联盟为基础的人民民主专政国家，所以从新中国成立伊始，即与封建主义和资本主义划清界限，注意批判资产阶级生活方式，这自然会涉及服装以及着装方式。当年，在一些半封建半殖民地色彩极浓的沿海城市中，部分市民受西方国家统治（如强占了租界地）与着装规范的熏染（如上衣放在长裤外者和穿窄带背心者上街被罚款），在一定程度上保留了西装革履、改良旗袍和高跟皮鞋以及一套潜移默化的西方着装礼仪。这种西洋服饰的遗痕连同原老城区非常严格的传统长袍马褂着装习俗，在工人、农民的服饰形象面前显得陈旧，甚至带有旧时代的朽味。因为这些服饰形象极易与被批判的封建买办资本家或土地改革时农村地主的服饰形象产生重合。虽说没有明文规定着装必须向无产阶级看齐，但政治宣传的结果已使人们对上述两类人的着装产生一种情绪上的抵制。一时，工装衣裤（裤为背带式，胸前有一口袋）、圆顶有前檐工作帽、胶底布鞋、毡帽头儿、草帽、中式短袄、肥裤、方口黑布面布底鞋、方格衬衫和连衣裙（音译为布拉吉）等，成了新事物、新生命的代表。如果偶有改进，也不过是把劳动布上衣做成小敞领、贴口袋。城市妇女则在双排扣、扎腰带的蓝灰列宁服外套里穿上各色花布棉袄，这是典型的工人和农民的服饰形象。喜庆节日里，陕北大秧歌的大红色、嫩绿色绸带拦腰一系，两手各执一个绸带头以使绸带随舞步飘动起来的舞服几乎在瞬间遍及全国各大城市。这显然是农民文化的一部分。

当这股工农装的潮流发展到1966年6月时，即史无前例的“文化大革命”运动发起时，全国人民认为最革命的服饰形象应是中国人民解放军军人的形象。于是，在“全国人民学习解放军”口号发起与响应的同时，掀起了全民着装仿军服的热潮。军服潮波澜壮阔地发展，在中国每一个角落引发热烈的响应，延续了近二十年。直至80年代末，军用棉大衣还为各阶层男女老少所钟爱，只不过其他服饰已有改变，如不少人身穿西装或牛仔装而外穿或披“军大”(军用棉大衣的简称)。

新中国成立后服装业发展的一个巨大转折点是改革开放。自1978年12月18日，中国共产党第十一届三中全会确定对世界敞开国门以后，西方现代文明迅疾涌入质朴的神州大地。其中，服饰是最为显而易见，对青年最有诱惑力同时又最易模仿的文化载体。自此又是二十年，世界最新潮流的时装可以经由最便捷的信息通道——电视、因特网等瞬间传到国内，中国的服装界和热衷于赶时髦的青年们基本上与发达国家同步感受新服饰。国内的着装早已摆脱了蓝、绿、灰且男女不分、绝不显示腰身的无个性服装时代，而迎来了百花齐放、五彩缤纷的服饰艺苑的美好春光。

自20世纪80年代初，全国美术院校及轻工、纺织等院校相继开办服装设计专业；从首都到地方还纷纷成立服装研究机构，并积极参与国际相关组织活动。进入90年代，北京、上海、大连、天津等地连续举办各种专题博览会，既走出国门去参加服装设计比赛，也热情邀请各国著名服装设计师携新作到中国来。一些服装制作厂家先后与国外服装公司联合成立合资企业，进口世界先进服装加工设备，在很短的时间里，使中国的服装业打开了一个可喜的局面。90年代中期以后，私营服装厂以不同的规模如雨后春笋般出现，又给中国服装业注入了新的活力。

90年代末，国际T台上刮起了一股东方风，这直接影响到世纪之交时，中国青年对自己国家服装和民族风格的热爱。小花点、弹墨裙、龙凤字，犹如从远古而来的美妙与精粹震撼了年轻人的心。隐隐地，在大学生中兴起了汉服。汉服是汉唐时代汉族人的传统服装。先是三五个喜爱古代艺术的大学生试着穿起，而后越来越火爆，以至汉服直接与中国人的爱国热情联系在一起，全国范围内出现了名目繁多的汉服团队。人们先是感到新鲜，后来产生了关于国服的争论，再后来也都自觉不自觉地接受了。

汉服热兴起后，原先被视为中国特色的旗袍并没有消失。只不过，改良旗袍是中国最后一个封建王朝统治者的民族服装受到西风浸润后形成的。同时盛兴的还有唐装或称唐服，主要是强化了立领与对襟，因香港、澳门回归和中国举办APEC而引起世界华人的空前热情。国内一时兴起做中式袄潮流，也算是对中华民族服装的大力弘扬。

世纪之交时，中国的职业装愈益成熟。这种从宋代城镇经济兴盛时即出现的具有明确职业特色的着装形象，已经完全自然地存在于社会生活中，特别是随着规范化和CI（企业形象设计）意识的加强，无论设计人员还是服饰理论界，抑或使用者，都看到了职业装在现代社会和未来社会发展中的重要地位与广阔前景。

21世纪的第一个10年，后现代主义思潮浸润到许多领域。在这种思潮的影响下，无中心、无规律、无权威的思想深入人心。中国改革开放二十年后，人们面对令人眼花缭乱的服装现象，早已司空见惯。随着思想开放程度的加大，中国的社会宽容度逐年增强，只要不违法，人们愿意怎样着装都无所谓。个性越来越被重视，大家觉得“穿衣戴帽，各有所好”是正常的，别人不应该干涉他人着装，这显示着一种新的人生态度，一种良好的社会风气，一种看似无序实则井然的社会秩序正在确立并在提升的过程中。而这些恰恰说明社会在快速进步，文明正向高度发展。

21世纪的第二个10年，中国服装史至此明显地显示出了新的时代特色。不同于以往任何一个时代，人们更加理性、更加客观，减弱了一些盲目，加强了一些思考。在纷繁的时装流行中，中国人开始问为什么、怎么办、如何发展，比如对国服的确定，对服装面料的环保要求，对服装与健康的联系，甚至考虑到生物多样性与着装理念的急需改变，还有服装生产与碳达峰、碳中和的因果关系……总之，中国人已经找回了自我，找回了中华民族的自信与雄心，这从种种着装现象、着装心理、服装设计理念和服装研究的成果都可以明显地看出来。

如今，21世纪已经进入到第三个10年，人们感觉如何呢？

互联网、数字化、大数据、云计算早已深入到百姓中间，全智能覆盖了一切，元宇宙正在形成，时装国际化已经不新鲜。这一阶段的亮点需要提一下，一是时装虽然转瞬即逝，但是人们追赶时尚的热情依然不减。社会节奏成倍加速，可是人们仍旧在寻找时装潮流。手机联网、微博、微信、客户端等新兴电子业的新技术实施，尤其是直播带货，使得时装更牢牢地牵动着着装者的神经。从现实中可以看到，时装流行更加迅速，涵盖面也更加广泛，只是有一些与原来的时尚潮流有所不同，那就是更加多元化，而且人们追逐潮流的心也趋于平静，很多是将其当作一种生活的乐趣，或是说在繁忙的工作之余一种消遣而已，不再看得特别重。

还有一点是，服装的概念已不仅仅是穿着，服装文化更加受到重视，这里包括服装企业，借助电视广告进行文化攻略已显过时，厂家宣传某一企业或某一品牌，往往使用更便捷的网络。网络直播可以让着装者全方位体验，发达的快递业有能力在最短的时间里将衣服送到消费者手上。这时肯定不只是要求一件衣服或一身配套着装的时尚性了，随之而来的还有环境、场合、搭配，加上厂家诗意的宣传语，人们也可以就此沉浸在一种文化享受之中，已不仅仅是穿着。

3D 打印，全息试穿，实景体验……中国人已经不再想何时能跻身世界服装界，而是注重加速发展服装材质的全过程零污染能力。中国的航空航天事业突飞猛进，量子计算处于世界前沿，5G 通信领先全球，空间站愈益成熟。科研工作者已在分析月壤中的成分构成与形成年月，中国服装文化不也在发扬光大吗？服装的发展离不开国家的强盛。衣冠王国正在崛起！

服装难解字词

1. 冕（miǎn）：古代地位在大夫以上的官员戴的礼帽，后代专指帝王的礼冠。
2. 衮（gǔn）：古代君王和上公的礼服。
3. 舄（xì）：古代一种复底鞋。
4. 纁（xūn）：绛色或暗红色。
5. 旒（liú）：旌旗上的飘带，亦指皇帝冕冠上装饰的玉珠。
6. 綖（yán）：原为覆在冕冠上的布。后指冕冠的平顶，称綖板。
7. 黈（tǒu）：黄色。
8. 纩（kuàng）：絮衣服的新丝绵。“黈纩”一词专指冕冠两侧垂下的玉珠。
9. 黼（fǔ）：古代礼服上的绣纹，黑白相次，作斧形。
10. 黻（fú）：古代礼服上的绣纹，黑青相次，作两兽相背形。
11. 芾（fú）：古代冕服上的蔽膝。同“黻”。
12. 韠（bì）：古代朝服上的蔽膝。
13. 屦（jù）：麻葛制成的单底鞋。
14. 弁（biàn）：古代贵族的一种帽子。
15. 笄（jī）：簪子，古代用来固定挽起的发髻。
16. 衽（rèn）：多指衣襟。
17. 屣（xǐ）：鞋。
18. 綦（qí）：綦巾，古书中记载为苍艾色女服。
19. 帨（shuì）：佩巾。
20. 裾（jū）：多指衣服前襟。
21. 襜褕（chān yú）：直裾服，区别于当年裹身的曲裾服。
22. 禅（dān）：单衣。
23. 絅（jiǒng）：古代称罩在外面的单衣。
24. 裈（kūn）：古时指有裆的裤子。
25. 鹖（hé）：鸟名，雉类，性好斗，至死不却，武士冠插鹖毛，以示英勇。或说为锦鸡。
26. 袴（kù）：同裤，古时指套裤，以别于有裆的裤。

27. 袿（guī）：多指妇女长衣。
28. 襦（rú）：短衣、短袄。
29. 髾（shāo）：一指头发梢，另指妇女衣饰。
30. 鞶（pán）：古代皮做的束衣带。鞶囊是古代官吏用以盛印绶的囊。
31. 襳（xiān）：古时妇女衣上用作装饰的衣带。
32. 帔（pèi）：披在肩上的彩巾。
33. 褶（dié）：裤褶为重衣，另有 zhě、xí 两音。
34. 裲裆（liǎng dāng）：前后两片相连的坎肩。
35. 衵（nì）：内衣，贴身的衣服。
36. 褾（biǎo）：袖端。
37. 袪（qū）：袖口。
38. 幞（fú）：亦作幞头，一种头巾。
39. 銙（kuǎ）：古代腰带上的饰物，质料、数目随身份而异。
40. 幂䍦（mì lí）：古代一种全身障蔽的方巾。
41. 靥（yè）：①酒涡。②女子在面部点搽妆饰。
42. 鞢𩎟（dié xiè）：西北民族束腰革带，上饰多环，可挂物。
43. 觿（xī）：用于解结的用具，兽骨制成，形如锥，也用为佩饰。
44. 琚（jū）：佩玉。
45. 瑀（yǔ）：似玉的白石。
46. 珩（héng）：佩玉的一种，形似磬而小。
47. 擿（zhì）：即搔头，古代妇女头上的一种首饰。
48. 縠（hú）：有皱纹的纱。
49. 韝（gōu）：臂套，用以束衣袖以便动作。
50. 襕（lán）：古时上下衣相连的服装。
51. 髡（kūn）：剃去头发。
52. 织成：古代名贵织物，料用丝或羊毛。或织成衣片，免裁直接缝成衣服。
53. 袷（jiá）：夹的异体字，指有衬里但无絮棉的夹衣。另有（jié）音，指衣领。
54. 㶉鶒（xī chì）：水鸟，大于鸳鸯。
55. 獬豸（xiè zhì）：传说中异兽名，能辨曲直，以角触不直者。
56. 帢（qià）：一种便帽，尖顶无檐。
57. 帻（zé）：包发巾。
58. 裥（jiǎn）：裙幅或其他布帛的折叠。
59. 瑱（tiàn）：古人冠冕上垂在两侧以塞耳的玉，与黈纩为一物。
60. 鍮（tōu）：鍮石即黄铜。

图目

序号	名称	年代	尺寸	出土地点	藏地
图 1-7	历代帝王图（局部）	唐代	全图纵 51.3 厘米，横 531 厘米		美国波士顿美术博物馆藏
图 1-9	佩韦韠的男子	周代		河南安阳殷墟出土	美国哈佛大学费格美术馆藏
图 1-12	人物御龙图		纵 37.5 厘米，横 28 厘米		湖南省博物馆藏
图 1-13	穿曲裾深衣的女子	春秋战国		河南信阳长台关二号楚墓出土	河南博物院藏
图 1-14	人物龙凤图		纵 31.2 厘米，横 23.2 厘米	湖南陈家大山楚墓出土	湖南省博物馆藏
图 1-15	东周镶金铜带钩	东周	长 19.7 厘米	河南省洛阳金村出土	美国弗利尔美术馆藏
图 1-16	猿形银带钩	东周		山东曲阜鲁国东周墓出土	
图 1-17	战国银首铜身填漆俑	战国		河北省平山县中山国王墓出土	河北省文物研究所藏
图 1-18	穿胡服的男子	东周		山西侯马市东周墓出土	
图 1-19	战国青铜胡人持鸟立像	战国		河南洛阳金村出土	美国波士顿美术博物馆藏
图 1-21	战国采桑宴乐水陆攻战铜壶纹饰			四川成都出土	故宫博物院藏
图 2-1	穿曲裾袍的男子	汉代		陕西咸阳出土	陕西历史博物馆藏
图 2-5	汉代乐王公、乐舞庖厨画像石	汉代	高 73 厘米，宽 68 厘米	山东嘉祥宋山村出土	山东石刻艺术博物馆藏
图 2-15	汉彩绘木六博俑	汉代	俑高分别为 27.5 厘米、28.5 厘米	甘肃武威磨嘴子汉墓出土	甘肃省博物馆藏
图 2-16	西汉长信宫灯	西汉		河北省满城县中山靖王刘胜妻窦绾墓出土	河北博物院藏
图 2-24	秦代将军俑	秦代	约高 180 厘米	陕西临潼骊山秦始皇陵东侧 1.5 公里处秦兵马俑一号坑出土	陕西秦始皇兵马俑博物馆藏
图 3-1 图 3-9	洛神赋图（宋摹本，局部）	宋代	全图纵 27.1 厘米，横 572.8 厘米		故宫博物院藏
图 3-2	斫琴图（宋摹本）	东晋	全图纵 29.4 厘米，横 130 厘米		故宫博物院藏
图 3-8	历代帝王图（局部）	唐代	全图纵 51.3 厘米，横 531 厘米		美国波士顿美术博物馆藏
图 3-11	列女仁智图（宋摹本，局部）	东晋	全图纵 25.8 厘米，横 470.3 厘米		故宫博物院藏
图 4-2	文苑图（局部）	五代	全图纵 37.4 厘米，横 58.5 厘米		故宫博物院藏

序号	名称	年代	尺寸	出土地点	藏地
图 4-4	客使图（局部）	唐代	全图纵 185 厘米，横 274 厘米		陕西历史博物馆藏
图 4-7 图 4-28	纨扇仕女图（宋摹本，局部）	唐代	全图纵 33.7 厘米，横 204.8 厘米		故宫博物院藏
图 4-8	捣练图（局部）	唐代	全图纵 37 厘米，横 145.3 厘米		美国波士顿美术博物馆藏
图 4-11	宫乐图（局部）	唐代	全图纵 69.5 厘米，横 87 厘米		台北故宫博物院藏
图 4-15	簪花仕女图（局部）	唐代	全图纵 46 厘米，横 180 厘米		辽宁省博物馆藏
图 4-16	舞伎图		高 51.5 厘米，宽 44 厘米	新疆吐鲁番阿斯塔那 220 号墓出土	新疆维吾尔自治区博物馆藏
图 4-19	穿襦裙、披帔子的女子（泥头木身俑）	唐代	高 30.5 厘米	新疆吐鲁番阿斯塔那 206 号墓出土	新疆维吾尔自治区博物馆藏
图 4-24	五代散乐图着色石雕	五代	纵 82 厘米，横 116 厘米	河北曲阳王处直墓出土	
图 4-27	虢国夫人游春图（宋摹本，局部）	唐代	全图纵 51.8 厘米，横 184 厘米		辽宁省博物馆藏
图 4-28	纨扇仕女图（宋摹本，局部）	唐代	全图纵 33.7 厘米，横 204.8 厘米		故宫博物院藏
图 4-38	韩熙载夜宴图（局部）	五代	全图纵 28.7 厘米，横 335.5 厘米		故宫博物院藏
图 5-3	宋太祖像	宋代	纵 191 厘米，横 169.7 厘米		台北故宫博物院藏
图 5-5	岳飞像				台北故宫博物院藏
图 5-9	清明上河图（局部）	北宋	全图纵 24.6 厘米，横 528.7 厘米		故宫博物院藏
图 5-10	瑶台步月图（局部）	宋代	全图纵 24.2 厘米，横 25.8 厘米		故宫博物院藏
图 5-16	纺车图（局部）	北宋	全图纵 26.1 厘米，横 69.2 厘米		故宫博物院藏
图 5-19 图 5-20	卓歇图（局部）	五代			故宫博物院藏
图 5-24	辽代龙、凤、鱼形玉佩	辽代		内蒙古奈曼旗陈国公主墓出土	内蒙古博物院藏
图 5-25	辽代镂花金香囊	辽代		内蒙古奈曼旗陈国公主墓出土	内蒙古博物院藏
图 5-26	辽代花鸟纹罗地纨扇	辽代		内蒙古奈曼旗陈国公主墓出土	内蒙古博物院藏
图 5-27	辽代錾花鎏金银靴	辽代		内蒙古奈曼旗陈国公主墓出土	内蒙古博物院藏
图 5-28	猎骑带禽图（局部）	宋代	全图纵 23.9 厘米，横 25.8 厘米		台北故宫博物院藏

序号	名称	年代	尺寸	出土地点	藏地
图 5-29	文姬归汉图（局部）	金代	全图纵 30.2 厘米，横 160.2 厘米		吉林省博物馆藏
图 5-31	元代金马鞍	元代		内蒙古锡盟镶黄旗乌兰沟出土	内蒙古博物院藏
图 6-2	九旒冕冠		高 18 厘米，长 49.4 厘米，宽 30 厘米	山东邹县出土	山东博物馆藏
图 6-3	明代万历皇帝金翼善冠	明代	冠通高 24 厘米，后山高 22 厘米，口径 20.5 厘米	北京定陵地下宫殿出土	定陵博物馆藏
图 6-7	明代蓝暗花纱缀织仙鹤补服	明代	衣长 133 厘米，两袖通长 250 厘米，袖口宽 24 厘米，袖根宽 41 厘米，下摆宽 58 厘米，腰宽 150 厘米，领缘宽 2.3 厘米，补子高 40 厘米，宽 39 厘米		山东曲阜孔子博物馆藏
图 6-11	忠靖冠			江苏丹阳蒋墅乡明墓出土	南京博物院藏
图 6-12	明孝端皇后九龙九凤冠		冠通高 48.5 厘米、冠高 27 厘米、径 23.7 厘米	北京定陵地宫出土	中国国家博物馆藏
图 6-13	明代万历皇帝孝靖皇后三龙二凤冠	明代	冠通高 31.7 厘米，上宽 34 厘米，外口径 19 厘米，内口径 17 厘米，博鬓长 23 厘米，宽 5 厘米	北京定陵地下宫殿出土	定陵博物馆藏
图 6-14	明代万历皇帝孝靖皇后十二龙九凤冠	明代	冠通高 32 厘米，口径 18.5 厘米至 19 厘米，博鬓长 23 厘米，宽 5.5 厘米	北京定陵地下宫殿出土	定陵博物馆藏
图 6-18	孟蜀宫伎图（局部）	明代	全图纵 124.7 厘米，横 63.6 厘米		故宫博物院藏
图 6-21	秋风纨扇图（局部）	明代	全图纵 77.1 厘米，横 39.3 厘米		上海博物馆藏
图 6-22	仕女吹箫图（局部）	明代	全图纵 164.8 厘米，横 89.5 厘米		南京博物院藏
图 6-29	明代桃红纱地彩织花鸟纹褙子	明代	衣长 119 厘米，两袖通长 196 厘米，袖宽 86 厘米，袖根宽 41 厘米，下摆宽 86 厘米，腰宽 59 厘米，领缘宽 6.2 厘米，银边宽 0.34 至 0.4 厘米		山东曲阜孔子博物馆藏
图 7-7	清代沙绿色暗花纱织花单裤	清代	裤长 84.5 厘米，腰宽 52 厘米，接腰宽 7.5 厘米，立裆高 50 厘米，裤口宽 27.5 厘米		山东曲阜孔子博物馆藏
图 7-8	清代黄暗花绸地织花夹裤	清代	裤长 52.5 厘米，腰宽 27.5 厘米，接腰宽 6 厘米，裤口宽 20.5 厘米，开裆长 22 厘米		山东曲阜孔子博物馆藏

序号	名称	年代	尺寸	出土地点	藏地
图 7-9	清代蒙古王官帽（暖帽、凉帽）	清代			内蒙古博物院藏
图 7-10	清代珊瑚朝珠	清代	周长 150 厘米		故宫博物院藏
图 7-11	清代王爷用忠孝腰带	清代			内蒙古博物院藏
图 7-12	清代青缎织金花平底尖头靴	清代		高 52 里面，长 28 厘米	故宫博物院藏
图 7-13	清代石青缎平底尖头靴	清代	高 52 厘米，长 28 厘米		故宫博物院藏
图 7-14	清代明黄色漳绒串珠织蔓草纹朝靴	清代	高 59 厘米		故宫博物院藏
图 7-15	清代黄色缎绣花卉纹花盘底鞋	清代	高 24 厘米，长 14 厘米		故宫博物院藏
图 7-16	代雪灰绸绣花蝶纹花盘底鞋	清代	高 23 厘米，长 16 厘米		故宫博物院藏
图 7-17	清代蓝缎刺绣凤戏牡丹纹马蹄底鞋	清代			内蒙古博物院藏
图 7-18	清代男云字头夫子履	清代			何志华先生藏
图 7-19	清代汉族男双脸鞋	清代			何志华先生藏
图 7-24	清代红缎地彩织仙鹤方补霞帔	清代	衣长 102.5 厘米，宽 48 厘米，补子高 27.5 厘米，宽 26 厘米，片金缘宽 0.4 厘米		山东曲阜孔子博物馆藏
图 7-25	清代石青地平金织彩云龙纹缀盘金织云雁方补霞帔	清代			私人收藏
图 7-30	清代红地牡丹花闪缎镶边皮袄	清代	衣长 95 厘米，两袖通长 138 厘米，袖宽 44 厘米，接袖宽 32 厘米，腰宽 68 厘米，裾长 21 厘米，镶边宽 22.5 厘米		山东曲阜孔子博物馆藏
图 7-33	清代宫中演戏的写真册页	清代			故宫博物院藏
图 7-34	清代绿暗花绸云肩镶边绣花棉袄	清代	衣长 83 厘米，两袖通长 140 厘米，袖宽 30 厘米，腰宽 64 厘米，下摆宽 83 厘米，接袖宽 11 厘米，镶边宽 9.2 厘米		山东曲阜孔子博物馆藏
图 7-35	清代云肩一	清代	两肩通宽 68 厘米		何志华先生藏
图 7-36	清代云肩二	清代	通高 58 厘米，两肩通宽 53 厘米		私人收藏
图 7-37	清代云肩三	清代	两肩通宽 84 厘米		何志华先生藏

推荐书目

一、服装史类

1. 周汛，高春明．中国历代妇女妆饰［M］. 上海：学林出版社，三联书店（香港）有限公司，1988.
2. 华梅．中国服装史（2018 版）[M]. 北京:中国纺织出版社，2018.
3. 上海市戏曲学校中国服装史研究组．中国历代服饰［M］. 上海：学林出版社，1984.
4. 华梅．新中国60年服饰路 [M]. 北京:中国时代经济出版社，2009.
5. 华梅．中国近现代服装史 [M]. 北京：中国纺织出版社，2008.

二、服装文化

1. 华梅．人类服饰文化学 [M]. 天津：天津人民出版社，1995.
2. 华梅，等．人类服饰文化学拓展研究［M］. 北京：人民日报出版社，2019.
3. 华梅．服饰与中国文化 [M]. 北京：人民出版社，2001.
4. 华梅．古代服饰 [M]. 北京：文物出版社，2004.
5. 高春明．中国服饰名物考 [M]. 上海：上海文化出版社，2001.
6. 华梅，等．中国历代《舆服志》研究 [M]. 北京:商务印书馆，2015.
7. 安旭，李泳．西藏藏族服饰 [M]. 北京：五洲传播出版社，2001.
8. 华梅．华梅看世界服饰 2：璀璨中华［M］. 北京：中国时代经济出版社，2008.
9. 华梅．服饰文化全览 [M]. 天津：天津古籍出版社，2007.

三、相关史论

1. 陈兆复．中国岩画发现史 [M]．上海：上海人民出版社，1991.
2. 刘庆柱．20 世纪中国考古大发现 [M]．成都：四川大学出版社，2000.
3. 杨泓．美术考古半世纪——中国美术考古发现史 [M]．北京：文物出版社，1997.
4. 陶阳，钟秀．中国创世神话 [M]．上海：上海人民出版社，1989.
5. 袁珂，周明．中国神话资料萃编 [M]．成都：四川省社会科学院出版社，1985.
6. 马书田．华夏诸神 [M]．北京：北京燕山出版社，1990.
7. 余英时．士与中国文化 [M]．上海：上海人民出版社，1987.
8. 刘一品．民间美术鉴赏 [M]．天津：天津大学出版社，2020.
9. 刘一品，华梅．中国工艺美术史 [M]．天津：天津大学出版社，2020.
10. 高洪兴，徐锦，张强．妇女风俗考 [M]．上海：上海文艺出版社，1991.
11. 《中国文物精华》编辑委员会．中国文物精华 [M]．北京：文物出版社，1997.
12. 邵国田．敖汉文物精华 [M]．呼伦贝尔：内蒙古文化出版社，2004.
13. 刘北汜，徐启宪．故宫珍藏人物照片荟萃 [M]．北京：紫禁城出版社，1995.
14. 李当岐．17~20 世纪欧洲时装版画 [M]．哈尔滨：黑龙江美术出版社，2000.
15. 刘玉成．中国人物名画鉴赏 [M]．北京：九州出版社，2002.
16. 哲夫．明信片中的老天津 [M]．天津：天津人民出版社，2000.
17. 赵杏根．历代风俗诗选 [M]．长沙：岳麓书社，1990.
18. 天津博物馆编．中华百年看天津 [M]．天津：天津古籍出版社，2008.
19. 王鹤，王家斌．中国雕塑史 [M]．天津：天津大学出版社，2020.

四、相关古籍

1. 马昌仪著．古本山海经图说[M]．济南：山东画报出版社，2001.
2. [汉]戴圣著，陈戍国点校．周礼·仪礼·礼记[M]．长沙：岳麓书社，1989.
3. 金启华译注．诗经全译[M]．南京：江苏古籍出版社，1984.
4. [宋]朱熹集注，李庆甲校点．楚辞集注[M]．上海：上海古籍出版社，1979.
5. [晋]崔豹等撰．古今注·中华古今注·苏氏演义[M]．北京：商务印书馆，1966.
6. 上海古籍出版社，上海书店．二十五史[M]．上海：上海古籍出版社，上海书店，1986.
7. [南朝宋]刘义庆撰；姚宝元，刘福琪译著．世说新语文白对照全本[M]．天津：天津人民出版社，1997.
8. [晋]干宝著；黄涤明译注．搜神记全译[M]．贵阳：贵州人民出版社，1991.
9. [唐]段成式撰，方南生点校．酉阳杂俎[M]．北京：中华书局，1981.
10. [后蜀]花蕊夫人，徐式文笺注．花蕊夫人词笺注[M]．成都：巴蜀书社，1992.
11. [明]王圻，王思义编集．三才图会[M]．上海：上海古籍出版社，1990.